U0186287

大英儿童百科

狂野动物
万万想不到

大英百科全书公司 / 著

［英］安迪·史密斯 / 绘

于时雨 / 译

童趣出版有限公司编译　人民邮电出版社出版
北　京

图书在版编目（CIP）数据

大英儿童百科狂野动物万万想不到 / 美国大英百科全书公司著 ；（英）安迪·史密斯绘 ；童趣出版有限公司编译 ；于时雨译 . -- 北京 ：人民邮电出版社，2023.10
ISBN 978-7-115-62458-1

Ⅰ. ①大… Ⅱ. ①美… ②安… ③童… ④于… Ⅲ. ①动物－少儿读物 Ⅳ. ①Q95-49

中国国家版本馆CIP数据核字（2023）第149162号

著作权合同登记号 图字：01-2023-2801

著　　：大英百科全书公司
绘　　：[英] 安迪 · 史密斯
翻　译：于时雨　责任编辑：左艺芳
执行编辑：崔　鑫　责任印制：赵幸荣
封面设计：杨　蕾　排版制作：刘夏菡

编　译：童趣出版有限公司
出　版：人民邮电出版社
地　址：北京市丰台区成寿寺路11号邮电出版大厦（100164）
网　址：www.childrenfun.com.cn

读者热线：010-81054177　经销电话：010-81054120

印　刷：天津海顺印业包装有限公司
开　本：889×1194 1/16　印张：13.5　字数：185千字
版　次：2023年10月第1版　2023年10月第1次印刷
书　号：ISBN 978-7-115-62458-1
定　价：108.00元

创作团队

大英百科全书公司（Encyclopaedia Britannica, Inc.）出版了世界三大百科全书之一的《大英百科全书》，250 多年来一直致力于激发人们的好奇心与学习兴趣。大英百科全书公司特别邀请了以下3位与众不同的专业人士参与这本书的创作。

朱莉 · 比尔（Julie Beer）是一名作家、编辑。朱莉曾为美国《国家地理》少儿版创作过许多图书，内容涉及国家公园、太空以及她最喜欢的动物主题。在为写这本书搜集趣闻时，朱莉想无论如何都要加入一则关于海獭的趣闻。她最喜欢的趣闻就是“海獭（tǎ）会在自己前肢下的皮囊里存放一块石头，用来砸开蛤蜊等猎物”，她觉得这种动物真是既聪明又可爱！

安迪 · 史密斯（Andy Smith）是一位屡获大奖的插画家，毕业于英国皇家艺术学院（Royal College of Art）。他的作品带有一种乐观的情绪以及一种手绘的亲切感。为本书绘制插图的过程更是让安迪惊喜不断，比如那条像是涂了口红的蝙蝠鱼，或是那只燥热难耐的变色龙。安迪最喜欢的插图是斗牛犬蒂尔曼在纽约时代广场上滑滑板。他还十分享受绘制那条拟刺尾鲷的过程，因为它长得很像自己的调色盘，但同时他也在担心自己的铅笔会被泰坦大天牛折成两半。

劳伦斯 · 莫顿（Lawrence Morton）是一位艺术总监及设计师。虽然劳伦斯曾为一些知名的时尚杂志工作过，但设计这本书所获得的乐趣是他此前从未体验过的。他最喜欢的一则趣闻是“如果从空中俯瞰科隆群岛的伊莎贝拉岛，你会发现它的形状仿佛一只海马”。

目录

趣闻之旅

欢迎开启万万想不到的探索之旅！

请做好心理准备，因为事情即将变得狂野起来。

这场探索之旅将让你认识地球上的数百种生物：它们有的长有羽毛，有的带有鳞片，有的令人毛骨悚然，有的又让人想要抱在怀里，还有的十分危险……比如：

你知道蚂蚁是没有耳朵的吗？它们“听”的方式是用腿来感受震动。

可不止蚂蚁拥有神奇的腿，有的草莓箭毒蛙长着蓝色的腿和红色的身体，并因此获得了“蓝色牛仔裤蛙”的昵称。

你不止可以在草莓箭毒蛙身上找到蓝色。驯鹿的眼睛在夏天是金黄色的，到了寒冷的冬天就会变成深蓝色。

好冷啊！快向北极狐这样的神奇动物学习一下如何保暖吧。它们会用自己毛茸茸的尾巴裹住身体，就像盖着一床毛毯一样。

你可能已经发现了这场探索之旅的特别之处：每一则趣闻都以出人意料而又令人捧腹的方式与下一则趣闻联系在一起。

在这场探索之旅中，你将了解地球各处的生物：从**深海**中的到**炎热的沙漠**里的，再到**大草原**上的，甚至还有**史前时代**游荡在地球上的。快去发现每翻一页都有怎样的惊喜吧！

本书不仅仅提供了一条阅读路线。你的阅读路线每隔一段内容就会出现分支，通过**向后**或**向前跳转**，你会来到书中一个全新但相关的部分。

跟随你的好奇心去到你想去的地方吧。当然了，这里就是一个不错的起点。

比如，你可以先绕路去这里了解一下动物的爪子

跳转至第 180 页

刚出生的雌性非洲象的体重大约相当于

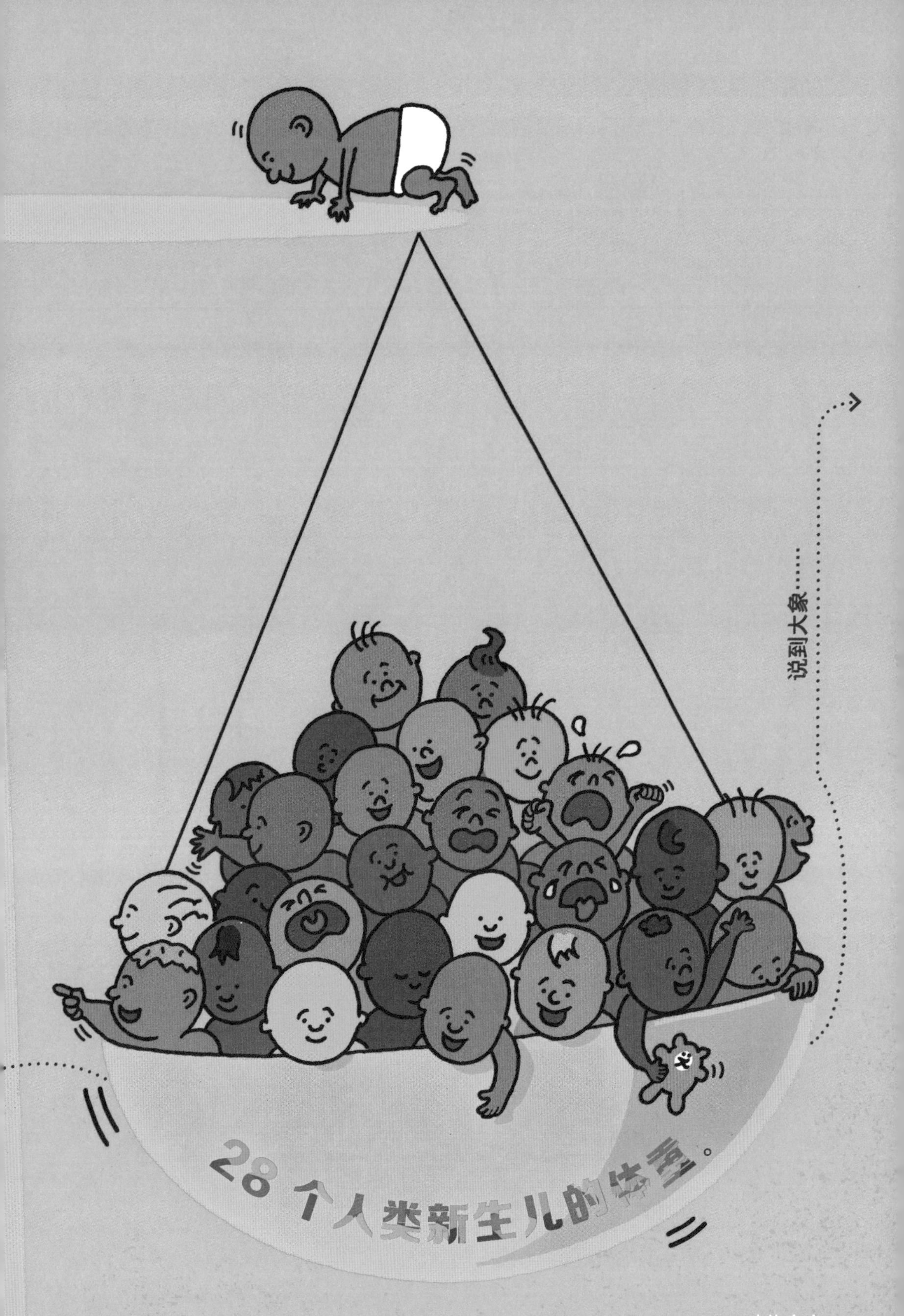
28个人类新生儿的体重。
说到大象……

当非洲象的门牙长至可以接触地面时，
它们会获得“**长牙者**”这一绰号。

大约 9 升水，差不多能填满 **33 个玻璃杯。**
大象会用鼻子
发声。
仔细听好了！

短吻鳄有时会发出一种类似人类咳嗽的声音。

一些海象可以发出一种类似于人类口哨儿声的声音。
吹个口哨儿吧！

受到威胁时，北美胡桃天蛾的幼虫会把自己像手风琴一样压缩起来，将空气从**身体**两侧的孔中挤出去，发出口哨儿般的尖锐声音来吓退敌人。

灯笼鱼的**身体**内部有会发光的器官，这使它们能够在黑暗中发出**亮光**。

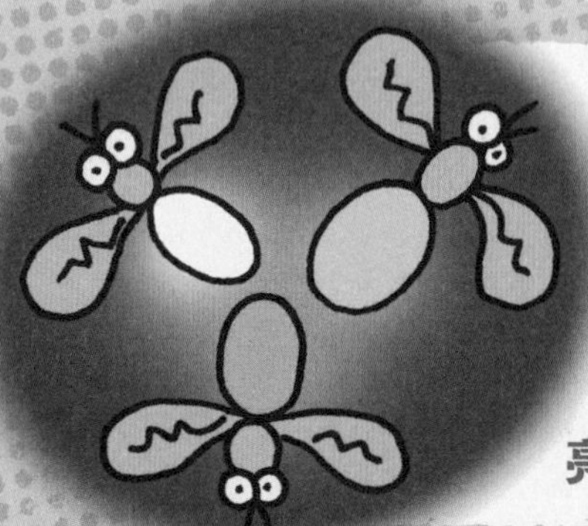

萤火虫可以发出绿色、黄色或**橙色**的**亮光**。

迄今发现的最大的**龟壳**化石有近2.4米长，并且在靠近颈部的地方还长有可以被当作武器的角。

绿海**龟**得名于它们体内的绿色**脂肪**。

在冬眠期间，马达加斯加的肥尾倭狐猴依靠**尾巴**中储存的**脂肪**生存。

响尾蛇**尾巴**末端的响环是由**角**蛋白构成的，与构成动物蹄子、角和人类头发的物质相同。

大约500万年前，地球上曾经生活着一种形似鹿的动物，它们的**鼻**子上长有一个弹弓形状的**角**。

负鼠受到攻击时会装死。它们会伸出**舌头**，并且**散发**出一股恶臭。

狮鬃**海蛞**（kuò）**蝓**（yú）可以通过**散发**出类似西瓜的气味来抵御天敌，它们的天敌不喜欢这种气味。

海柠檬是一种**海蛞蝓**，它们会将多达200万个**卵**产在一种带状结构内。

船蛸（xiāo）也被称为“纸鹦鹉螺”。雌船蛸会将**卵**装在一个特殊的**壳**里，而这个壳是它们用自己的腕足分泌的一种矿物质建造的。

巴布亚企鹅的**橙色舌头**上覆盖着的尖锐倒刺，能够帮助它们将鱼紧紧钩住，然后整条吞下。

有些动物的**鼻**孔在**水下**会自动关闭，如驼鹿、河马和海牛。

叽叽叽！

美洲河乌能在**水下**“行走”！经常有人看到这种鸟沿着河流或小溪的底部“行走”，去寻找昆虫。

跳转至第 104 页

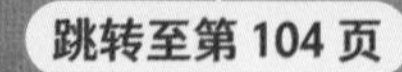

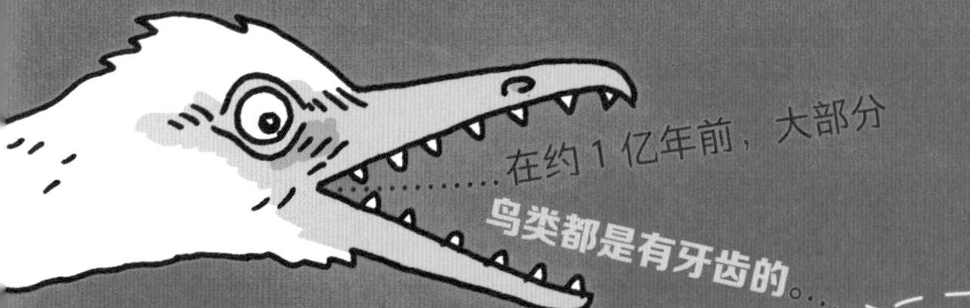

在约 1 亿年前，大部分**鸟类都是有牙齿的**。

……在英语中，一群红额金翅雀有一个特别的量词“**魅力**”（charm）。一“魅力”红额金翅雀就是指一群红额金翅雀。

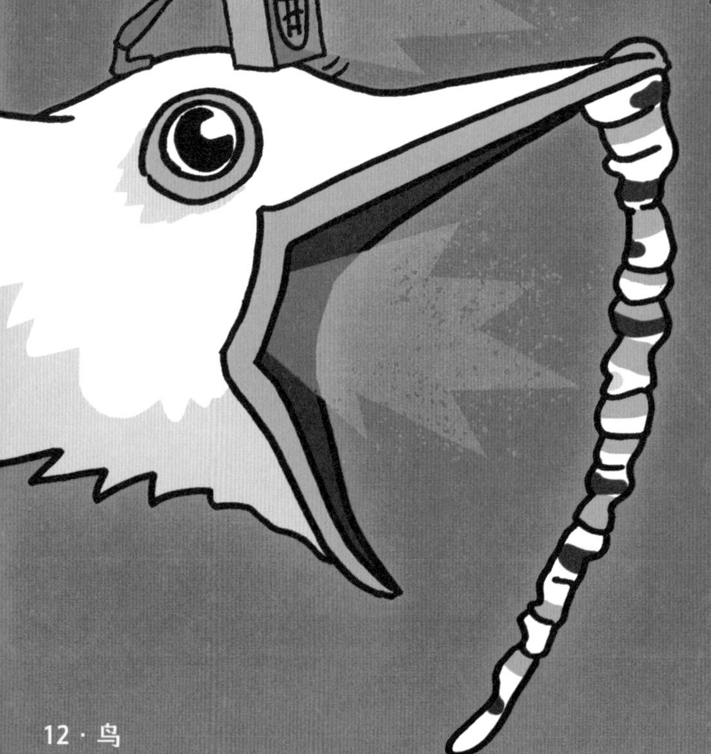

……雄性白钟伞鸟的喙上挂有一条被称为“肉垂”的长条皮肤，但这并不妨碍它们成为地球上**叫声最响亮的鸟**。

约 500 万年前，有一种巨型伪齿鸟翱翔在天空中，这种海鸟的**翼展是白头海雕翼展的两倍多**。

扇动翅膀——

……雄性火鸡的喙上也有一块被称为“**肉垂**”的肉质皮瓣，它们会用它来吸引雌性火鸡。

黑脉金斑蝶
需要气温至少达到
13℃才能用翅膀热身，
否则它们就
飞不起来。

有些动物不需要翅膀就能“飞”！

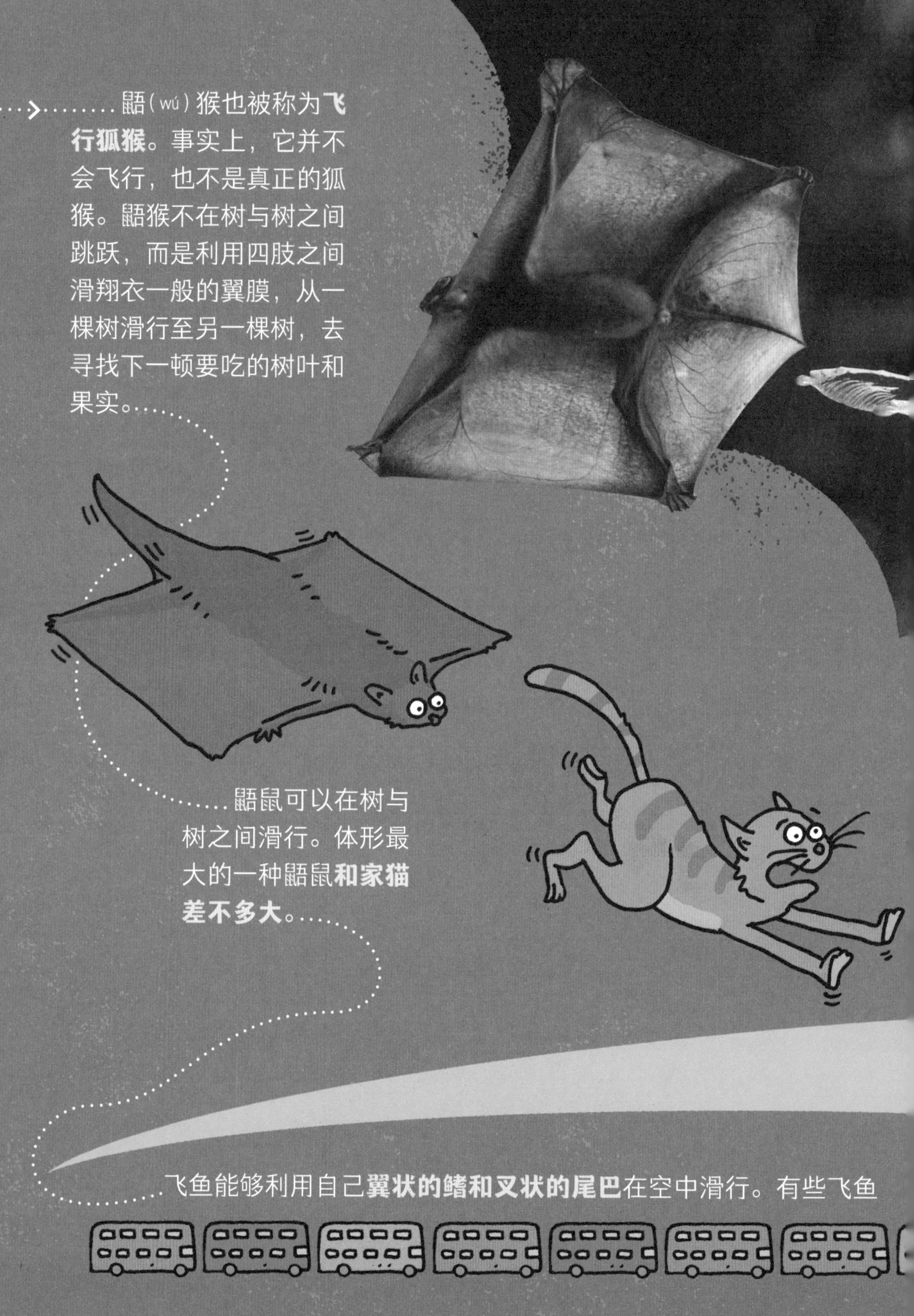

鼯（wú）猴也被称为**飞行狐猴**。事实上，它并不会飞行，也不是真正的狐猴。鼯猴不在树与树之间跳跃，而是利用四肢之间滑翔衣一般的翼膜，从一棵树滑行至另一棵树，去寻找下一顿要吃的树叶和果实。

鼯鼠可以在树与树之间滑行。体形最大的一种鼯鼠**和家猫差不多大**。

飞鱼能够利用自己**翼状的鳍和叉状的尾巴**在空中滑行。有些飞鱼

跳转至第 186 页

每到**夜晚**，蜜袋鼯就会**在树林间飞跃**。它们在“起飞”前会通过晃动头部来判断距离和高度。

黑蹼树蛙**脚趾间的皮膜**可以帮助它们在树枝间滑行，而硕大的趾垫使它们能够稳稳地着陆。

“飞行”的距离可以达到约 15 辆双层公共汽车首尾相接的长度。

臭鼬喜欢在晚上出来活动，它们会在放屁前**跺一下前脚**，以示警告。

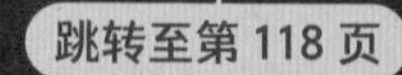
跳转至第 118 页
奇妙的脚

小棕蝠一晚甚至可以吃掉**上千只昆虫**。

仓鸮（xiāo）的耳朵位于头部两侧的不同位置，**不对称的耳朵**能够使它们在夜间更精准地定位猎物。

蝎子是一种
夜行性动物，大多数
蝎子在紫外线或自然
月光的照射下会**发出**
蓝绿色的光。
如果你在夜晚用手电筒
照射蜘蛛，它们的**眼睛**
会发出绿色的光。
我看见了！

驯鹿的眼睛在夏天呈
金黄色，
到了冬天则会变为
深蓝色。

跳转至第 38 页

炫酷的色彩

感到害怕！

红眼树蛙睡觉时会将自己伪装成绿色的树叶。假如睡觉时被打扰，它们便会突然睁开自己那对突出的红色眼睛，**吓退捕食者**。

大白鲨在狩猎时可以完全**跃**出水面。

雪豹一个跨步就能**跃**过相当于 3~5 头苏门答腊**犀**体长的距离。

人类的脖子和**长颈鹿**的脖子拥有相同数量的**骨骼**——都是 7 块。

虎鲸位于海洋食物链的最顶端，它们有时还会把正在捕食的**大白鲨**吓跑。

恐龙**骨骼**化石可能有异**味**。

白犀牛和黑犀牛都是灰**色**的。

为了给雌性留下好印象，雄性蓝脚鲣（jiān）鸟会通过跳“抬脚舞”来炫耀自己**脚**上的鲜艳**色**彩。

有些种类的天鹅会在游泳时将一只**脚**搭在**背**上。

长颈鹿的**背**上有一个类似驼峰的小型突起。

环尾狐猴原产于非洲的马达加斯加岛。雄性环尾狐猴的腕部会分泌出一种有气**味**的物质，它们会把这种物质抹在尾巴上，然后通过在空中挥舞尾巴来吸引雌性。

岛屿生活

新西兰的**绵羊数量与人口数量的比例**大约为**5∶1**。
夏威夷僧海豹的夏威夷语名字是
`Ilio-holo-I-ka-uaua，意思是
“在汹涌的水中奔跑
的狗”。

跳转至第 102 页

前往农场——

……生活在科隆群岛的海鬣（liè）蜥会将自己从海洋中摄取的**多余盐分从鼻子里喷出来**，这些盐分会落在它们头上，形成“一顶白色的假发”。……

寻找蜥蜴——

科莫多巨蜥的体重与一台单门冰箱的重量差不多。
双冠蜥在捕捉昆虫或躲避捕食者时能够

来一次出逃

在水面上奔跑一小段距离。

……德国一家动物园的一只斑嘴环企鹅在逃跑后不小心闯入了狮子的领地。幸运的是，**狮子们都在睡觉**。这只企鹅最终一路跟着动物园管理员放在地上的鱼干回到了安全地带。

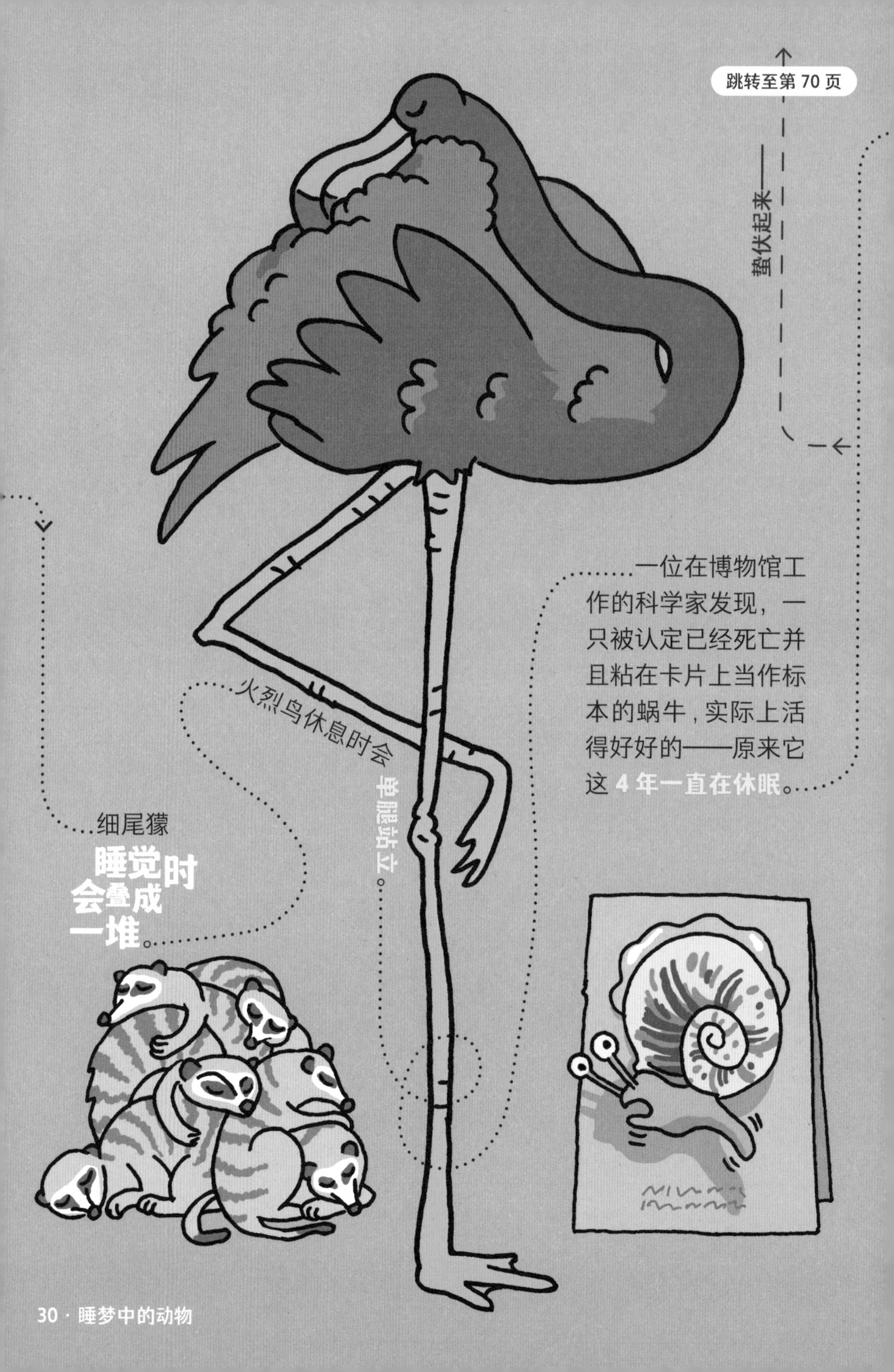
火烈鸟休息时会
单腿站立。
蜷伏起来——
跳转至第 70 页
……一位在博物馆工作的科学家发现，一只被认定已经死亡并且粘在卡片上当作标本的蜗牛，实际上活得好好的——原来它这 4 年一直在休眠。
……细尾獴
睡觉时会叠成一堆。

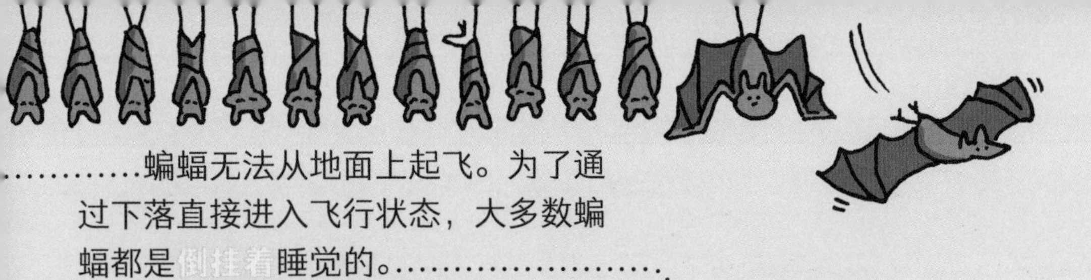

……蝙蝠无法从地面上起飞。为了通过下落直接进入飞行状态，大多数蝙蝠都是**倒挂着**睡觉的。……

出海观鲸——

抹香鲸会在靠近海面的地方

以一种垂直于海面的姿势睡觉。

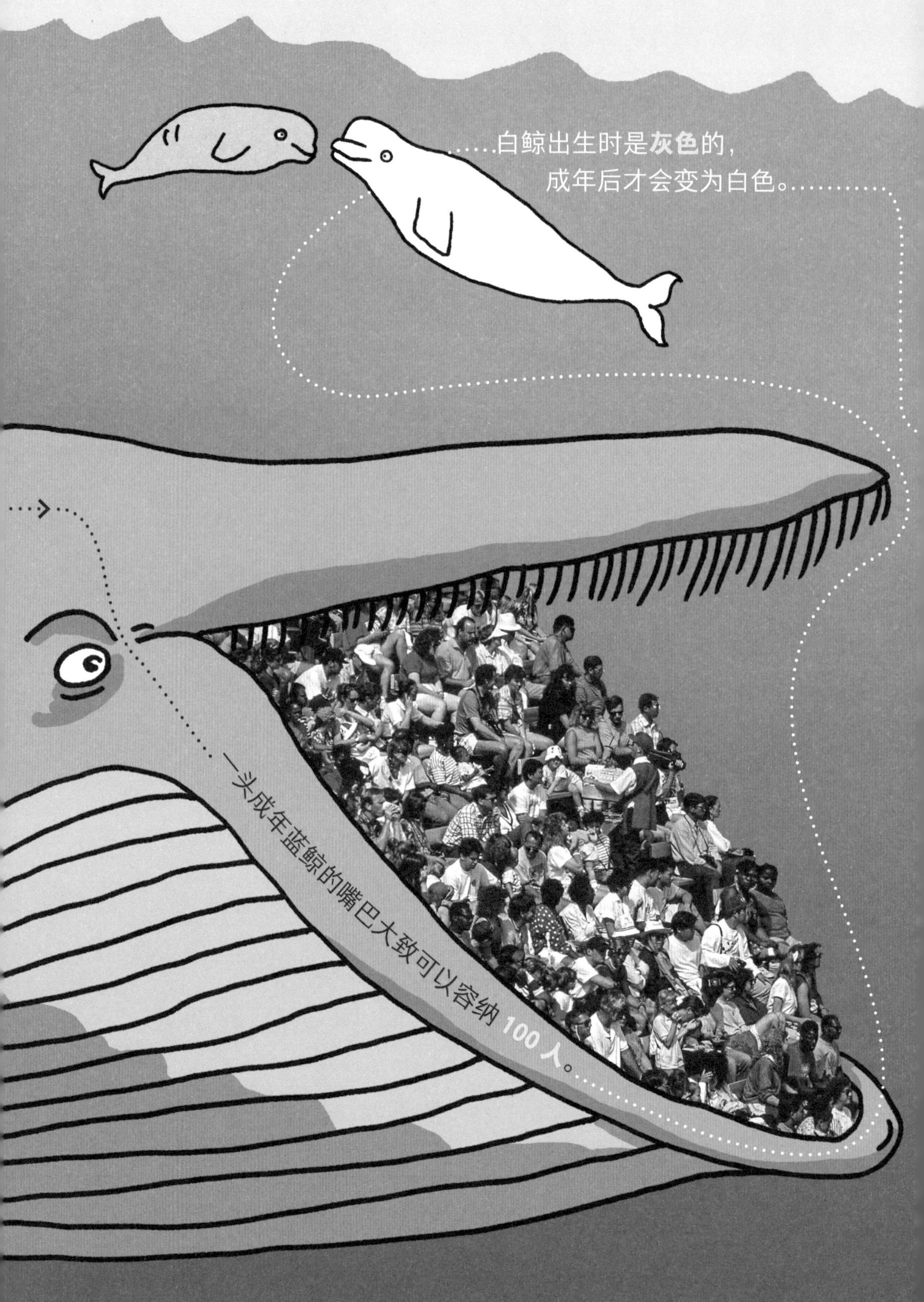
白鲸出生时是**灰色**的，
成年后才会变为白色。
一头成年蓝鲸的嘴巴大致可以容纳 100 人。

跳转至第 4 页

活蹦乱跳的宝宝

鲸也会被**晒伤**。

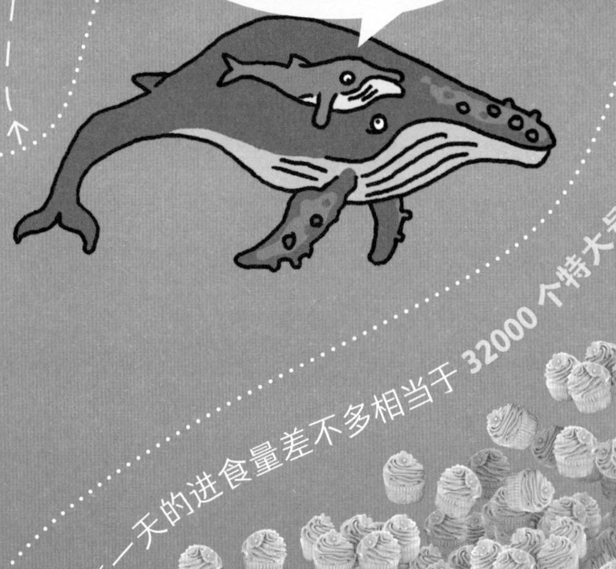
大翅鲸幼崽是通过
耳语的方式与它们
的妈妈交流的。

还饿吗？

一头蓝鲸一天的进食量差不多相当于 **32000** 个特大号纸杯蛋糕的分量。

食卵蛇会将蛋整个吞下，然后利用自己颈部特殊的骨质突出物将蛋壳刺破，以吸食里面的蛋液。进食完毕后，它们还会把蛋壳吐出来。

鸭嘴兽没有牙齿，所以它们会**铲一些碎石块**放进自己的颊囊里，来帮助自己咀嚼和磨碎食物。

跳转至第 74 页
奇怪的蛋
超级皮肤
有些种类的蚓螈（一种无足两栖动物）宝宝**以它们妈妈的皮肤为食**。

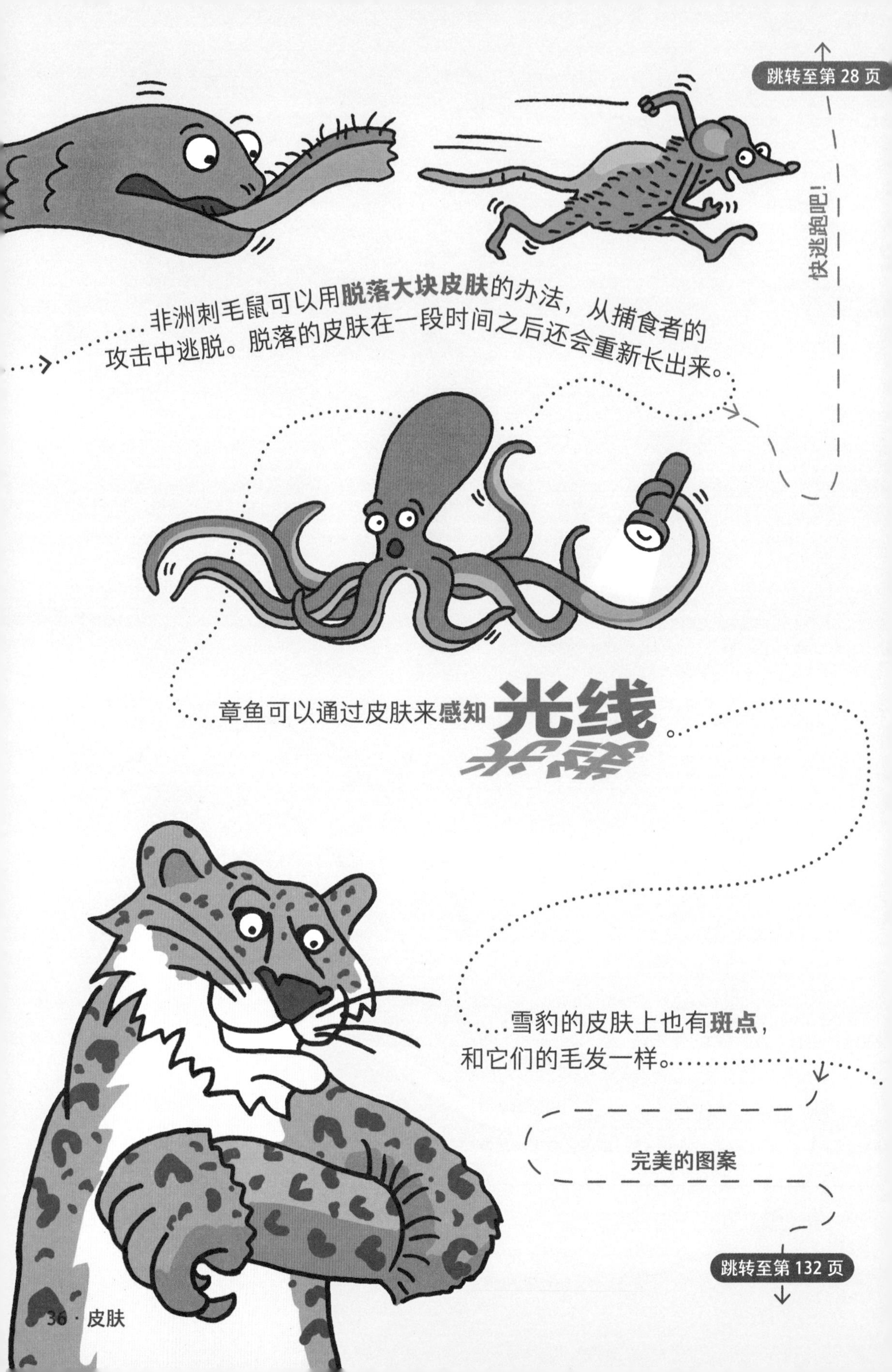

跳转至第 28 页

非洲刺毛鼠可以用**脱落大块皮肤**的办法，从捕食者的攻击中逃脱。脱落的皮肤在一段时间之后还会重新长出来。

章鱼可以通过皮肤来**感知** **光线**。

雪豹的皮肤上也有**斑点**，和它们的毛发一样。

完美的图案

跳转至第 132 页

……变色龙会通过**变换**自己皮肤的**颜色**来调节体温。……

五彩缤纷

……有一种蝾（róng）螈（yuán）没有肺——它们是**通过皮肤和口腔内的组织来呼吸**的。……

有时，
罕见的基因
突变会导致
企鹅的全身
呈现**白色或
者黄色**。

跳转至第 116 页

更多的熊

更多植物

蓝舌石龙子是一种蜥蜴，它们会利用自己**鲜艳的舌头**来吓跑捕食者。

兰花螳螂因其外形与兰花相似而得名。它们正是利用这一点来引诱好奇的昆虫靠近自己，然后再将它们吃掉。

生活在海洋中的星虫拥有**紫色的血液**。

每只大熊猫的**黑眼圈**都有独特的形状和大小。一些科学家认为，这或许有助于大熊猫相互辨认。

……有一种猪笼草逐渐成了**山地树鼩（qú）的“马桶”**。山地树鼩来访时，会一边吸食猪笼草的花蜜，一边坐在“马桶”上面排泄。它们的粪便能为这种植物提供必需的养分。……

多花兰开出的**花朵形状酷似雌性蜜蜂**，这样便能够吸引雄性蜜蜂前来为其授粉。

不可思议的昆虫！

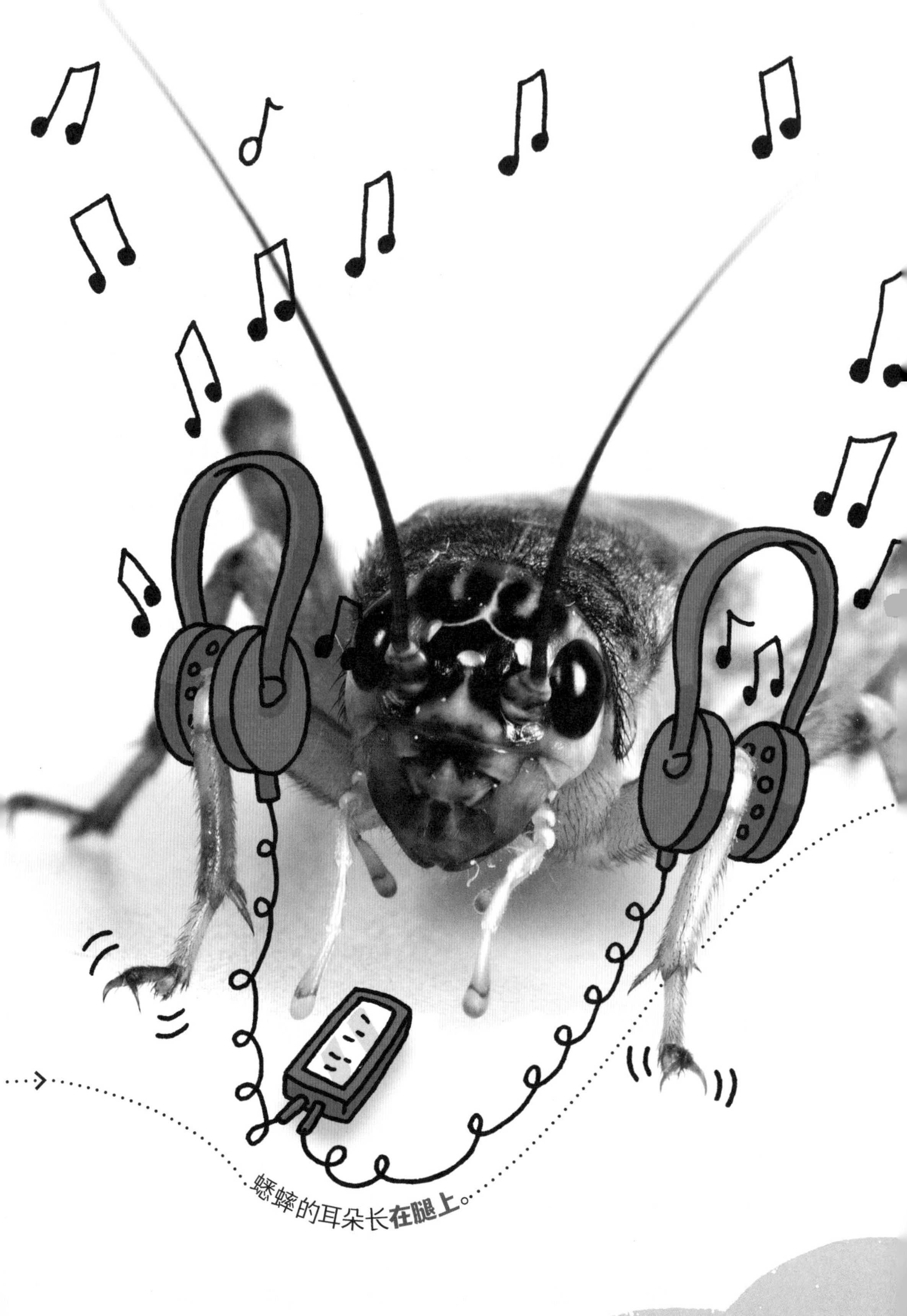

蟋蟀的耳朵长**在腿上**。

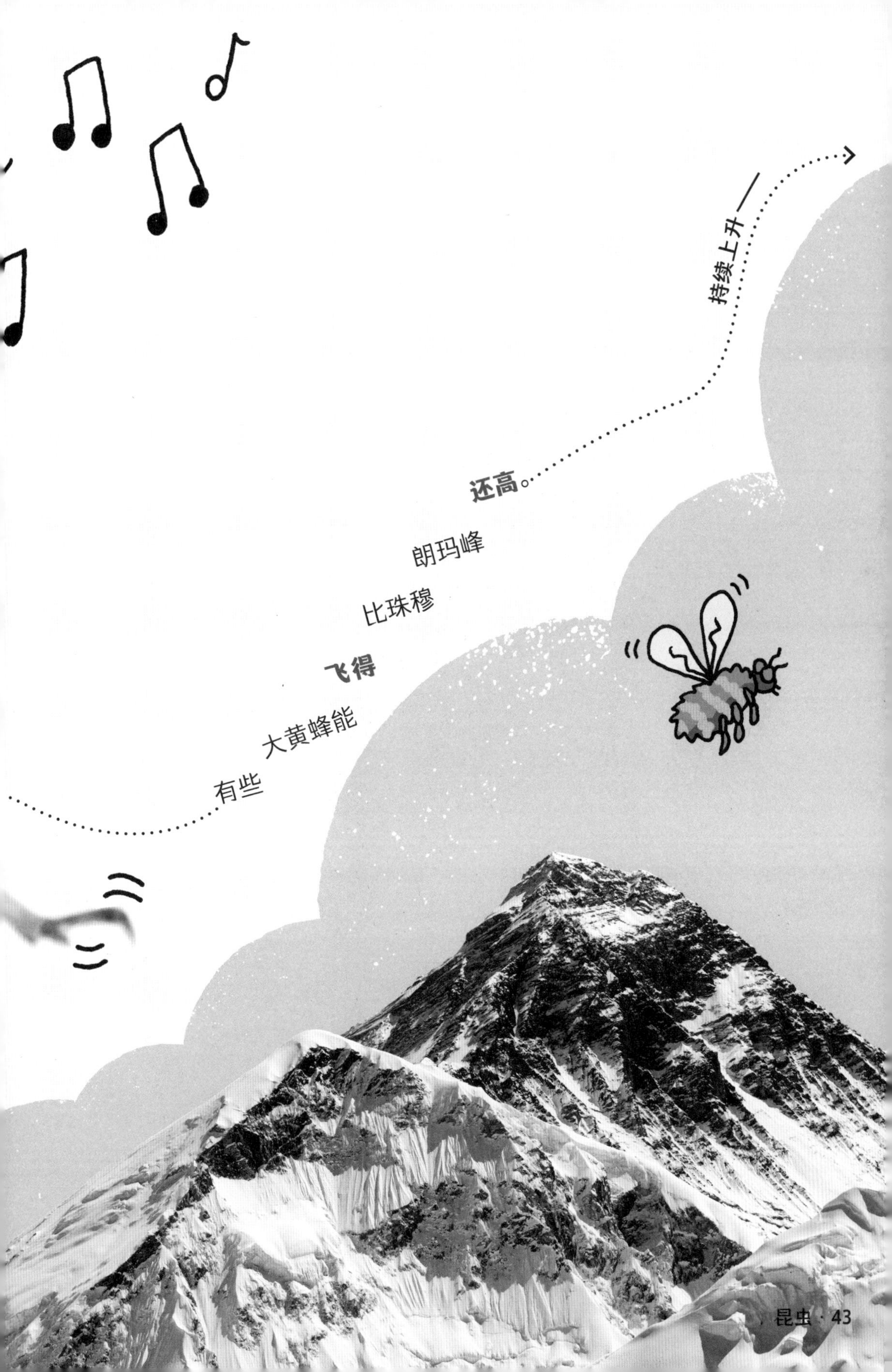
有些
大黄蜂能
飞得
比珠穆
朗玛峰
还高。
持续上升——

黄背叶耳鼠是世界上**所有哺乳动物中栖息地海拔最高的**。它们把家安在一座约 6700 米高的火山顶上。

生活在喜马拉雅山脉地区的牦牛拥有**巨大的肺**，这使得它们一次吸入的空气量是普通奶牛的 3 倍。

……科学家对一些毛发、粪便和骨头样本进行了分析。他们原以为这些样本来自**喜马拉雅雪人**，结果却发现它们来自同样生活在喜马拉雅山脉地区的动物：西藏棕熊和亚洲黑熊，甚至还有一条狗。……

小熊猫灵活的脚踝使它们能够**以头朝下的姿势**在亚洲的山林中**攀爬**。

下来看看——

一些生活在中国西藏地区的蛇，它们在**温泉**附近活动，才得以在寒冷的环境中生存下来。

水滴鱼没有任何肌肉，所以当它们处于海平面位置时，看起来就像一团粉红色的凝胶状物质。一旦回到高压强的深海环境中，它们看起来就像一条正常的鱼了。

在**深海的热液喷口**附近，生活着一种巨型管虫，它们能在含有有毒物质的热液中存活下来。

跳转至第 130 页

奇妙的鱼

鮟（ān）鱇（kāng）生活在海洋最深处，雌性鮟鱇会利用**头部发光的“钓竿”**来引诱猎物靠近自己。

动物的排泄物颗粒、沙子、腐烂物和其他从海洋表面落至深海的碎屑物被合称为“**海洋雪**”。

下雪啦！

雪豹因为难以被发现而被称作“**幽灵猫**”。
加拿大猞（shē）猁（lì）长有可以充当**雪鞋**的巨大脚掌，这使它们不会陷进雪里。
炫酷的大猫

跳转至第 78 页

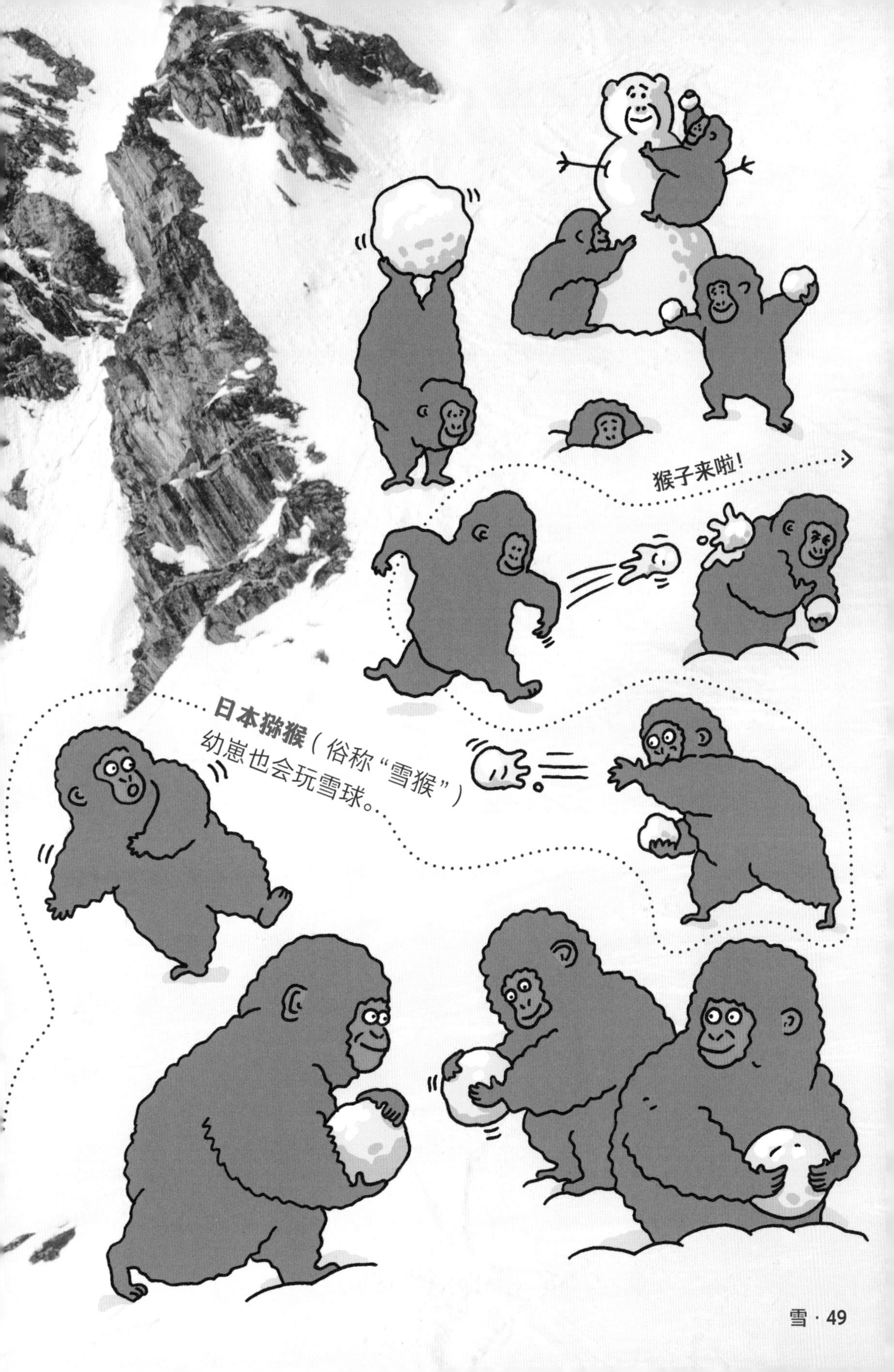
猴子来啦！
日本猕猴（俗称“雪猴”）
幼崽也会玩雪球。

雄性长鼻猴的

巨大鼻子

使得它们的鸣叫声更加响亮，以此起到警告敌人的作用。

跳转至第 110 页
鼻子不错！
在分开一段时间后，有些蜘蛛猴会以拥抱的方式相互问候，并**用尾巴缠绕对方**。
“尾尾”（娓娓）道来

美洲豹有时

猎豹的尾巴就像船舵一样，可以帮助它们**在短距离快速奔跑时改变方向**。

加速前进——

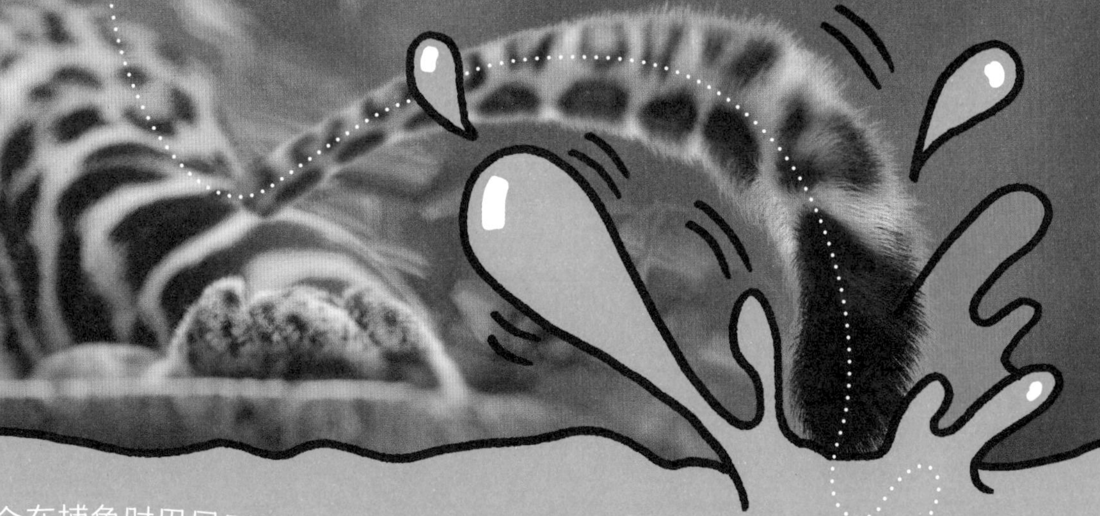

会在捕鱼时用尾巴**拍打水面**，用它来充当诱饵。

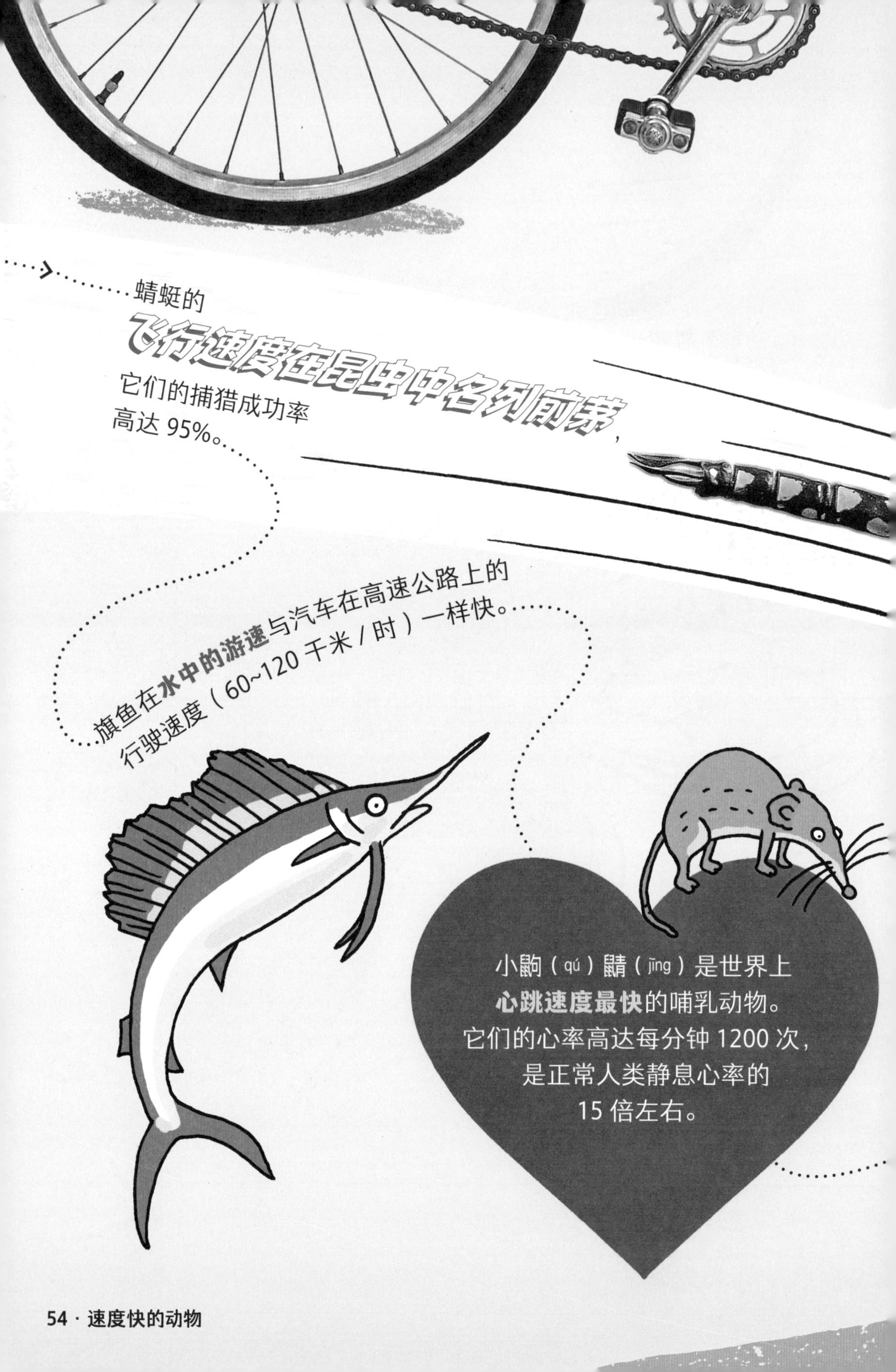

蜻蜓的
飞行速度在昆虫中名列前茅，
它们的捕猎成功率
高达 95%。

旗鱼在**水中的游速**与汽车在高速公路上的
行驶速度（60~120 千米 / 时）一样快。

小鼩（qú）鼱（jīng）是世界上
心跳速度最快的哺乳动物。
它们的心率高达每分钟 1200 次，
是正常人类静息心率的
15 倍左右。

澳大利亚虎甲是世界上**奔跑速度最快的昆虫**。它们在一秒钟内跑出的距离比一辆自行车的长度还要长。

格力犬可以**比马更快**地加速。

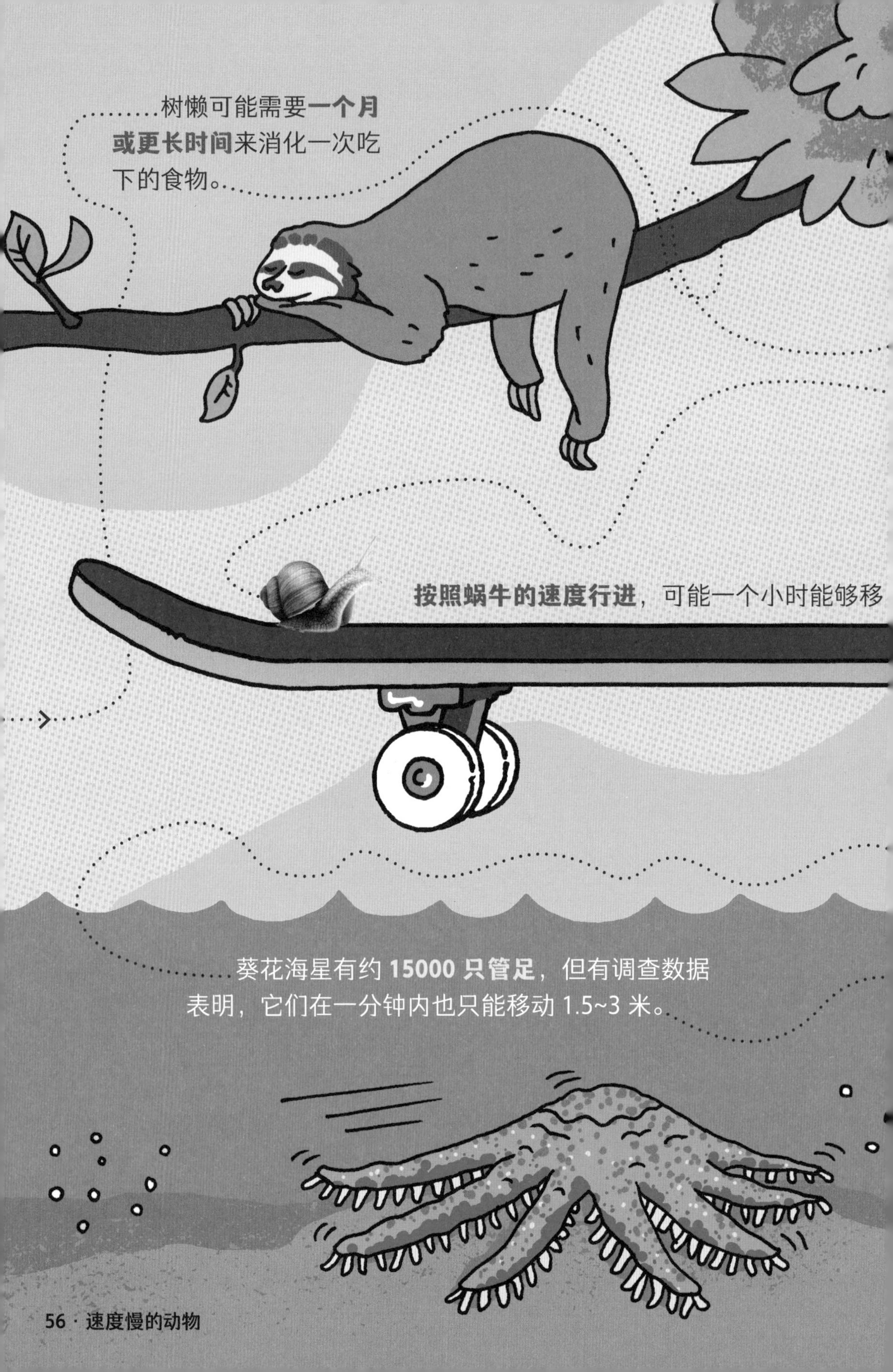
……树懒可能需要**一个月或更长时间**来消化一次吃下的食物。
按照蜗牛的速度行进，可能一个小时能够移
葵花海星有约 **15000 只管足**，但有调查数据表明，它们在一分钟内也只能移动 1.5~3 米。

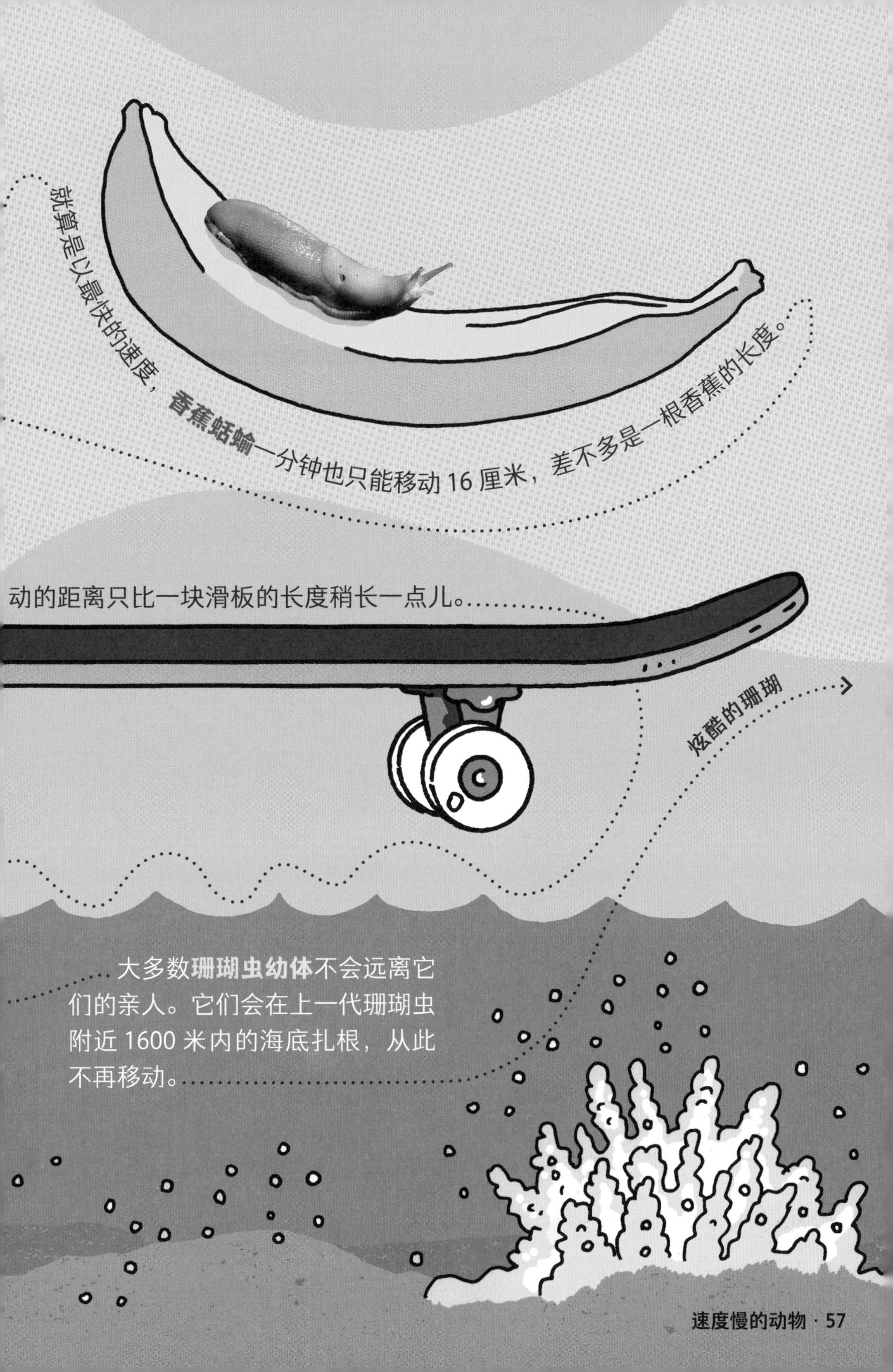

就算是以最快的速度，**香蕉蛞蝓**一分钟也只能移动 16 厘米，差不多是一根香蕉的长度。

动的距离只比一块滑板的长度稍长一点儿。

炫酷的珊瑚

大多数**珊瑚虫幼体**不会远离它们的亲人。它们会在上一代珊瑚虫附近 1600 米内的海底扎根，从此不再移动。

与其他珊瑚相比，鹿角珊瑚的生长速度非常快，**和人类头发的生长速度差不多**。

豆丁海马的体形比回形针还小。在幼年时期，它们的身体便会长出与珊瑚相匹配的凸起物，并且一辈子都寄居在珊瑚上。

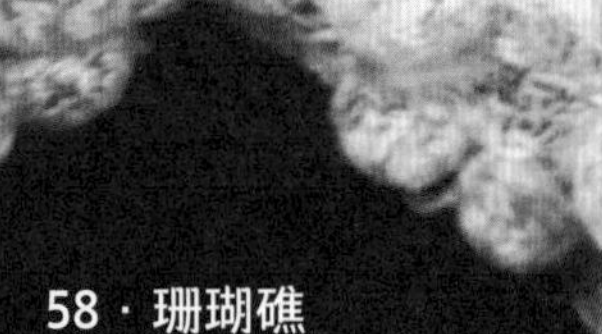

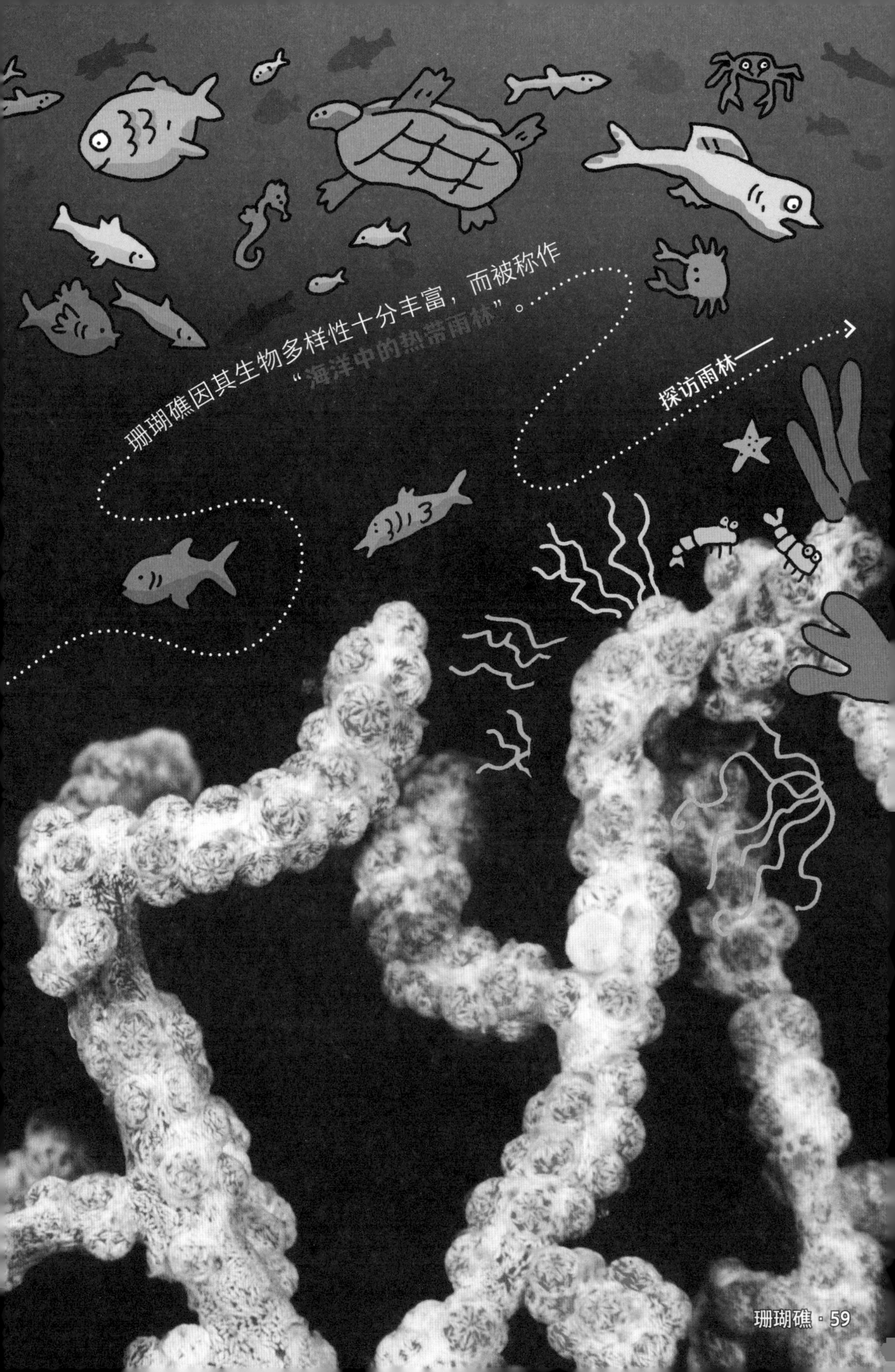
珊瑚礁因其生物多样性十分丰富，而被称作
“海洋中的热带雨林”。
探访雨林——

笑脸蜘蛛生活在夏威夷群岛的热带雨林中，它们的身上有一个看起来像笑脸的图案。

钴蓝箭毒蛙是一种生活在雨林中的青蛙，每只钴蓝箭毒蛙背上的斑点都是独一无二的。
往这边跳——

雄性**河马**在战斗前会面对对方，并且尽可能地张大双**颌**，以此来衡量对方的“战斗力”。

海鳝的**喉咙**里有另外一组**颌**。

当**河马**在水中时，身后常常会跟着一些鱼。这些鱼会啃食河马皮肤上的寄生虫，清洁河马的口腔，甚至还会吃河马的粪**便**。

青蛙在吞咽时眼肌会发生收缩，眼球会把食物推入**喉咙**。

长鼻树蛙得名于它们长长的**鼻子**，这个所谓的鼻子实际上是从它们**头**部伸出来的一个肉质尖刺。

星鼻鼹（yǎn）会利用自己**鼻子**周围的22根“触手”（也就是附器）来寻找**猎物**。

一只成年雄性鸵鸟的身长可以让它的**头**接近国际标准篮球架所用篮网的**底部**。

洞螈是一种生活在水下**洞穴底部**的蝾螈，实验表明，它们在缺少食物的情况下也可以存活10年。

树懒会吃自己毛发上长出来的**绿**藻。

绿鹭会在水中**投**放昆虫作为捕鱼的诱饵。

每到排**便**时间，三趾**树懒**都会去同一棵树下。科学家认为，这样做或许有助于它们与其他同伴进行交流，或是可以为它们喜欢的树木施肥。

白兀鹫（jiù）会通过**投**掷石头的方式来**砸开**鸟蛋。

海獭会在自己前肢下的皮囊里存放一块石头，用来**砸开**蛤蜊等**猎物**。

研究人员在委内瑞拉的一处洞穴里发现，有一种巨型**蜈蚣**会爬到**洞穴**顶部捕食蝙蝠。

秘鲁巨人**蜈蚣**会吃掉自己蜕下的皮。这层坚硬的皮比铅笔还要长。

穿上护甲

有一种甲虫的外骨骼非常坚固，使得它们在

被汽车碾轧

后仍能存活下来。

更多甲虫

跳转至第 148 页

……雕齿兽是一种和犰狳有亲缘关系的已灭绝的动物，它们长有**带刺的棍棒状尾巴**以及覆盖全身的骨板，就连剑齿虎想要攻击它们都很难。

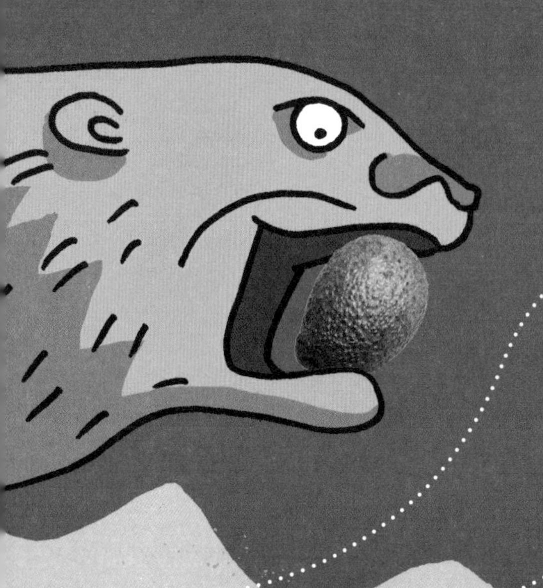

生活在 13000 年前的大地懒，**吃牛油果时会连皮带核整个吞掉。**

剪齿鲨嘴巴的顶部和底部各长有一排弧形的牙齿，它们可以像**剪刀**一样将鱼“剪”开。

始祖马是**马科动物的祖先**，它们的体形很小，体长仅有 60 厘米。

人们在俄罗斯发现了一头猛犸象幼崽的遗骸，它的躯体在**被冰封了 40000 年**后基本完好无损。

保持凉爽

一路小跑

跳转至第 124 页

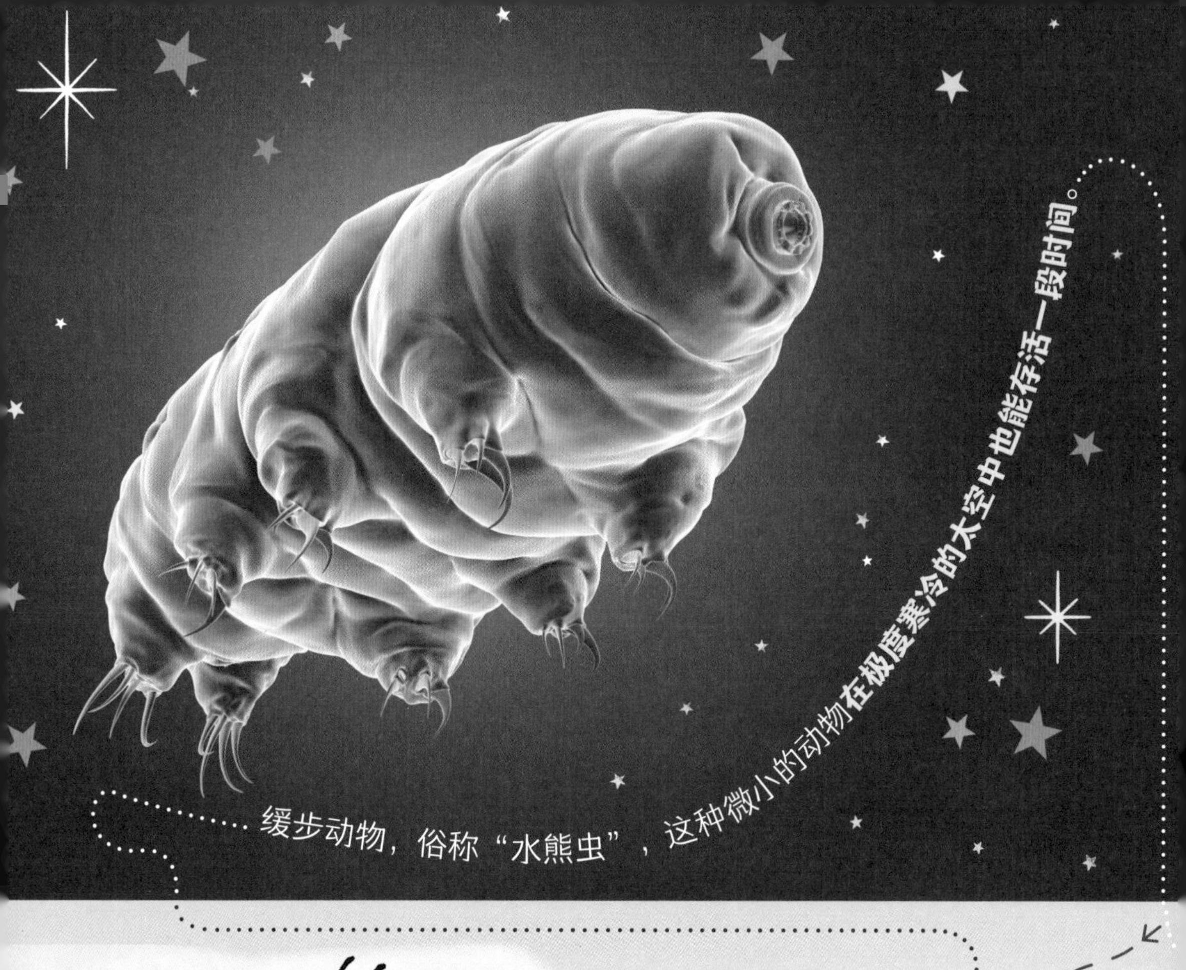

缓步动物，俗称“水熊虫”，这种微小的动物**在极度寒冷的太空中也能存活一段时间。**

南极蠓（měng）是一种不会飞的昆虫，它们在接近**冻僵**状态 9 个月后仍能存活下来。

为了防止脚被冻住，生活在南极洲的帝企鹅会用脚后跟**前后摇摆**身体。

极小的动物

跳转至第 106 页

北极地松鼠的
体温在

状态下会降至 0℃以下。

睡觉时间到

为了在北极水域保持温暖，白鲸长有**一层**大约 10 片面包那么厚的**鲸脂**。

有一种**生活在澳大利亚东部的侏袋貂**（diāo），即使是在蛰伏（动物冬眠，潜伏起来不食不动）时也能够感知危险，比如一场野火。

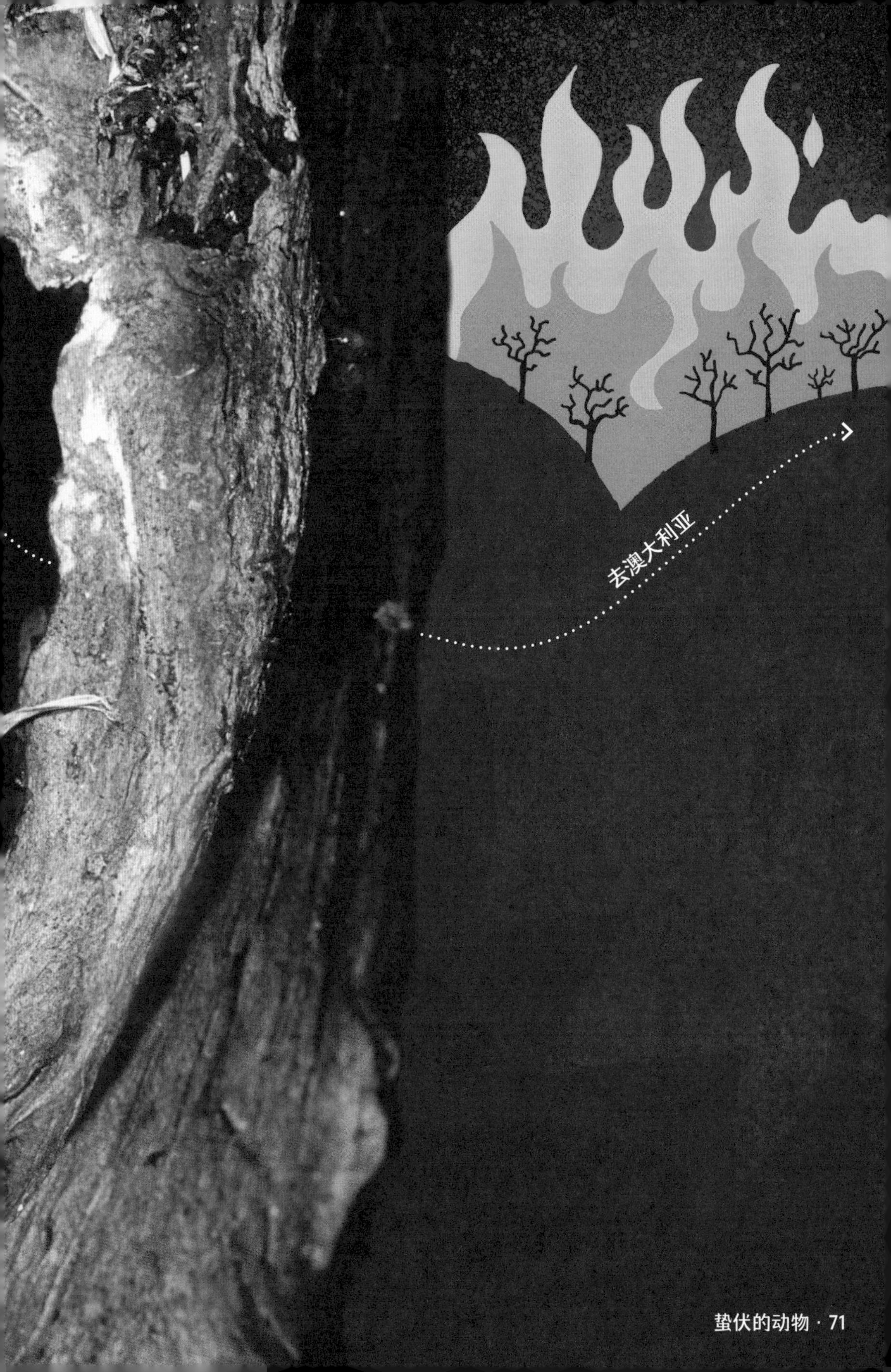
去澳大利亚

在澳大利亚，**袋鼠**的数量**比人**还多。

澳大利亚的**法尔肯颖果蜗牛**的壳可以长到一个网球那么大。
更多的蛋
针鼹会将自己产下的葡萄大小的**迷你蛋**放入位于腹部的育儿袋里。

大草原榛鸡是一种草原动物，它们会将卵产在“**求偶场**”中，这一场所的

佛氏虎鲨的**卵**是**螺旋状**的，它们会用嘴把卵拧入岩石的裂缝中。

英语名称“booming ground”取自雄鸟发出的低沉鸣叫声。

大草原

鳐鱼的卵是意大利饺子形状的。

草原斑马生活在非洲东部和南部的草原上，当它们受到惊吓时就会**放屁**。

豹有时会把食物藏到高高的树上，以避免它们被其他大型猫科动物或鬣狗偷走。
悄悄地

猫的前腿背面长有触须。
大多数猫科动物对水并不感兴趣，但老虎是游泳健将，并且会经常泡在水里降温。
美洲豹强有力的双颌可以咬碎龟壳。

说到龟
跳转至第 164 页

费莉塞特（Félicette）是一只来自法国的流浪猫，它在 1963 年被送入太空，执行了 15 分钟的任务之后，它所乘坐的太空舱安全降落到地面。

发射升空

公猫更有可能是左利手，而母猫更有可能是右利手。

海牛星云是太空中一片巨大的气体尘埃云，之所以会叫这个名字，是因为它看起来仿佛一只海牛腹部朝上漂浮着，两只鳍肢放在肚皮上。

在夜空中，跟犬科动物有关的星座数量要比跟猫科动物有关的星座数量多。

夜晚，当港海豹在离岸边很远的地方游泳时，能够利用北极星来为自己导航。

潜入水中——

……企鹅的**黑白“燕尾服”**可以帮助它们在游泳时伪装自己：从水下往上看，它们白色的腹部与天空融为一体；从空中往下看，它们黑色的背部能隐藏在深色的海水之中。……

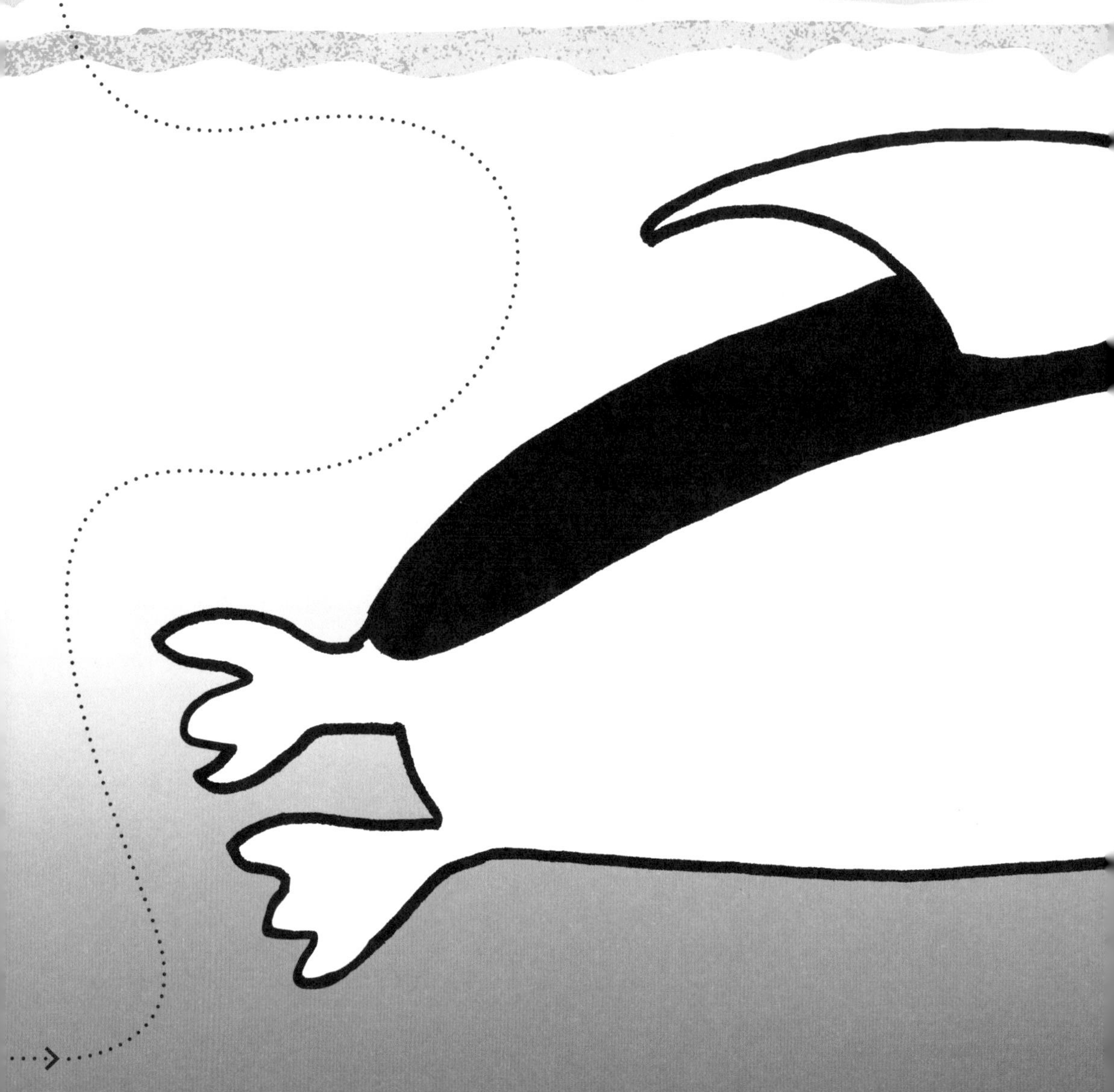

看仔细了!

在**沼泽和湿地**中游泳时，鳄鱼可以通过保持静止

并利用自己凹凸不平的皮肤将自己伪装成一根浮木。

神奇的湿地

乌贼不仅可以模仿周围环境的颜色，还可以模仿其质地，比如它们可以伪装成凹凸不平的海底岩石。

跳转至第 82 页

游到这边来

水兔是游泳好手。它们会**跳入水中**以躲避捕食者，或是潜入水中去寻找食物。

水豚是豚鼠的亲戚，它们的眼睛、耳朵和鼻子都位于靠近头顶的部分，就像河马一样。这使它们可以在保持身体其他部位隐蔽于水下的同时还能**窥视水面**。

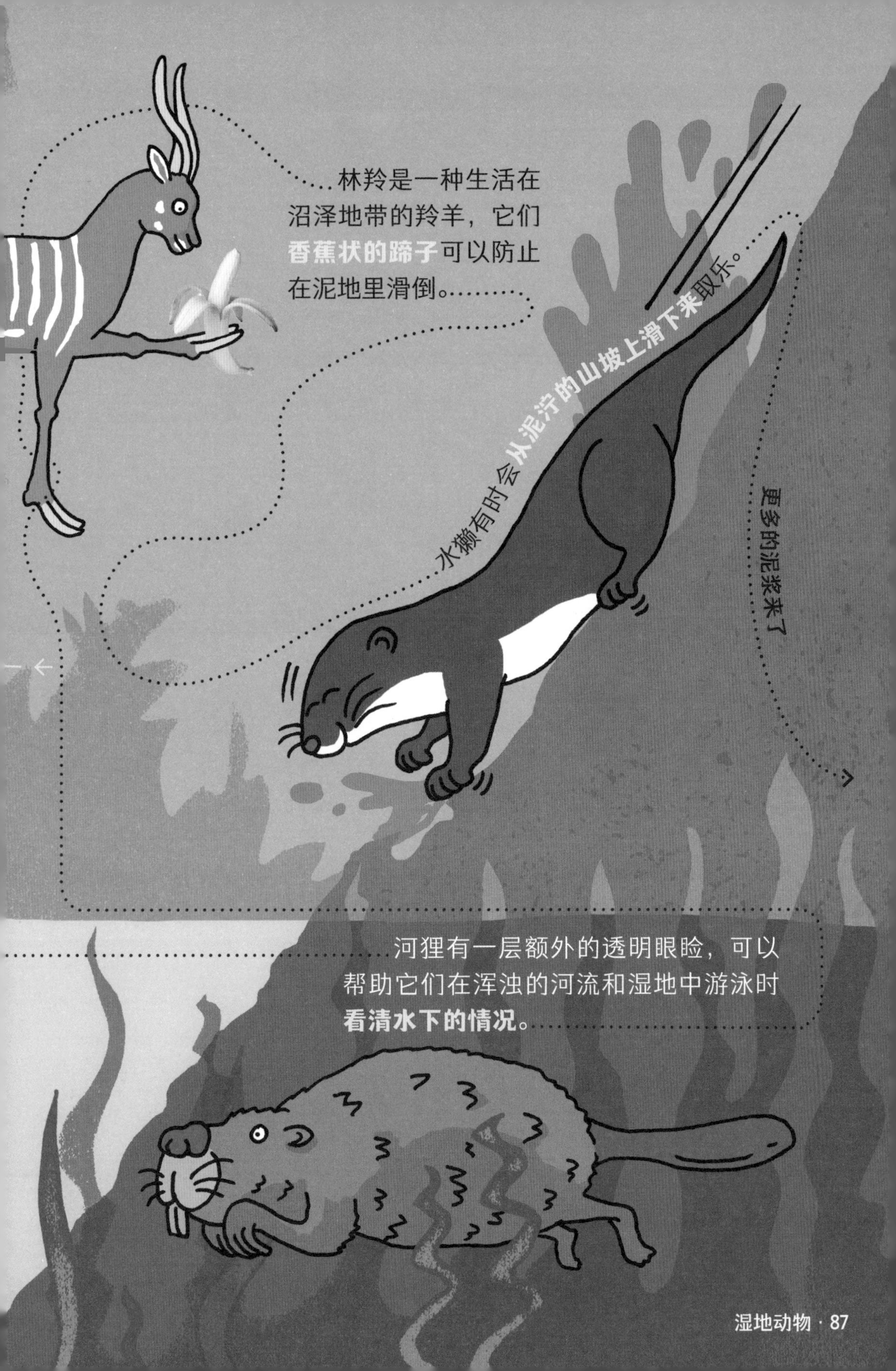
林羚是一种生活在
沼泽地带的羚羊，它们
香蕉状的蹄子可以防止
在泥地里滑倒。
水獭有时会**从泥泞的山坡上滑下来**取乐。
更多的泥浆来了
河狸有一层额外的透明眼睑，可以
帮助它们在浑浊的河流和湿地中游泳时
看清水下的情况。

泥螈俗称“泥狗”，是一种生活在湖泊、池塘、河流和溪流底部的蝾螈。它们可以发出类似**狗叫**的声音。

跳转至第 46 页

探索深海——

……猪在泥浆中打滚儿不仅是为了降温，也是为了**变干净**！泥浆可以帮助它们去除蜱虫和其他寄生虫。

梳洗一下——

北冰洋底部的**泥火山**内生活着大量小蠕虫。

跳转至第 50 页

猴子也疯狂

猩猩和猴子会**从同伴的皮毛中抓出虱子**并吃掉。

日本猕猴有时会在温泉中洗澡。

黏糊糊的
跳转至第 176 页
好多毛啊!
猫**舔毛**不仅是为了保持干净，也是为了给自己降温。

……研究发现，红袋鼠和东部灰大袋鼠在进食和梳理毛发时更愿意使用自己的**左爪**。……

……有一些鸟类的雏鸟排出的粪便周围会包裹着一层膜，形成直肠囊（又称粪囊）。它们的父母会定期将这些**鸟类“尿不湿”**从巢穴中清理出去——把它们丢到别的地方，或是把它们吃掉。……

聊（guō）狐是一种耳朵很大的动物，它们脚上的皮毛可以保护它们不被沙漠里的**热沙**烫伤。

雌性雪豹会**将换下来的毛发铺在洞穴中**，来给自己的幼崽保温。

一些科学家认为，生活在更高温度地区的斑马，会长有**更多的条纹**，这或许能够使它们保持凉爽。

回家路上

跳转至第 174 页

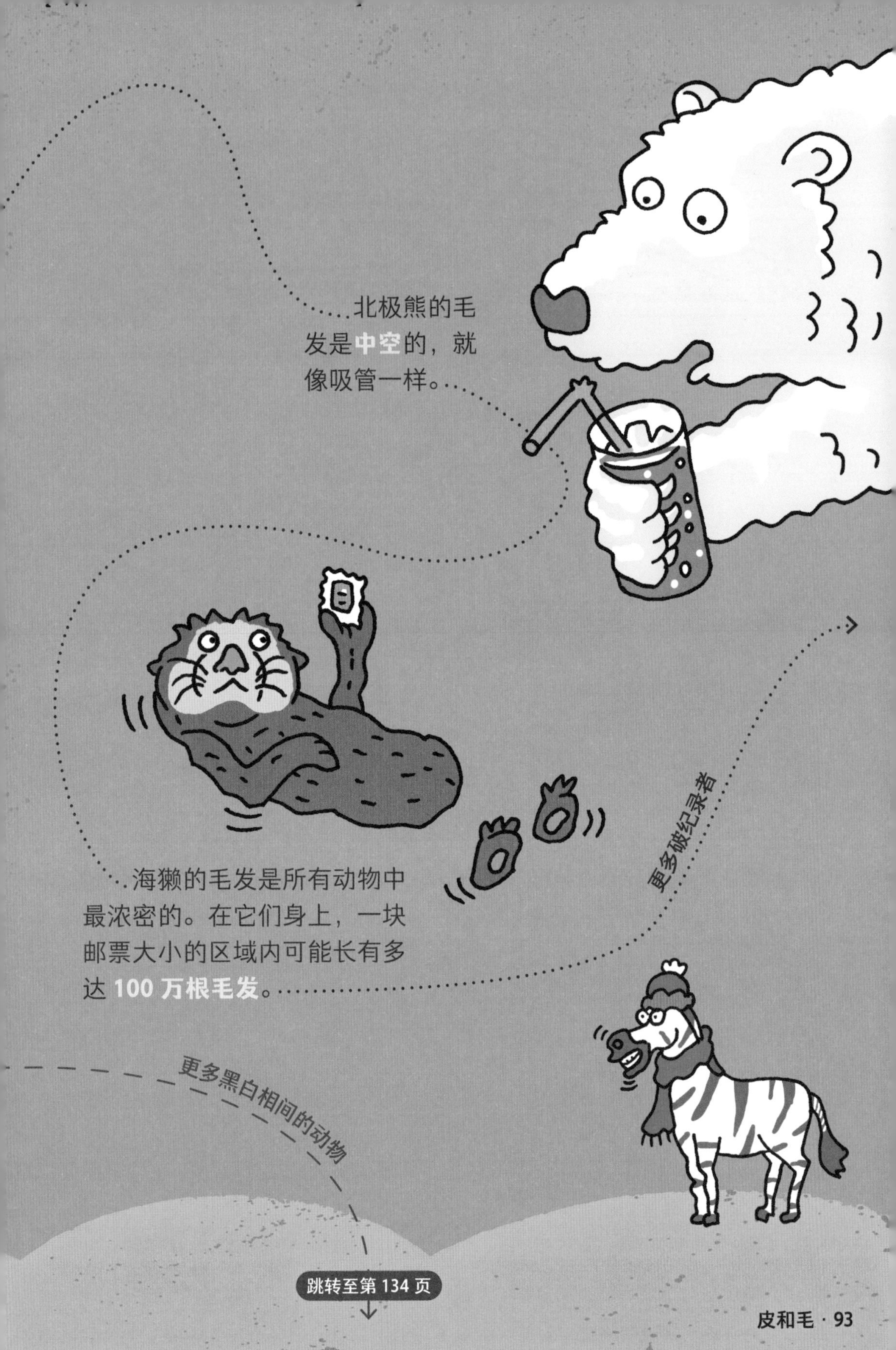
北极熊的毛
发是**中空**的，就
像吸管一样。
海獭的毛发是所有动物中
最浓密的。在它们身上，一块
邮票大小的区域内可能长有多
达 **100 万根毛发**。
更多破纪录者
更多黑白相间的动物
跳转至第 134 页

经测量，动物界**最响亮的**

呼噜声

和吸尘器工作时的声音一样大，是由家猫发出的。

在所有熊科动物中，北极熊的爪子最大，它们的脚掌像**飞盘**一样宽。

一头得克萨斯长角牛长有**比自由女神像头部还要宽**的角，创下了最长牛角的世界纪录。

回头率百分之百的角

听见了吗？

跳转至第 8 页

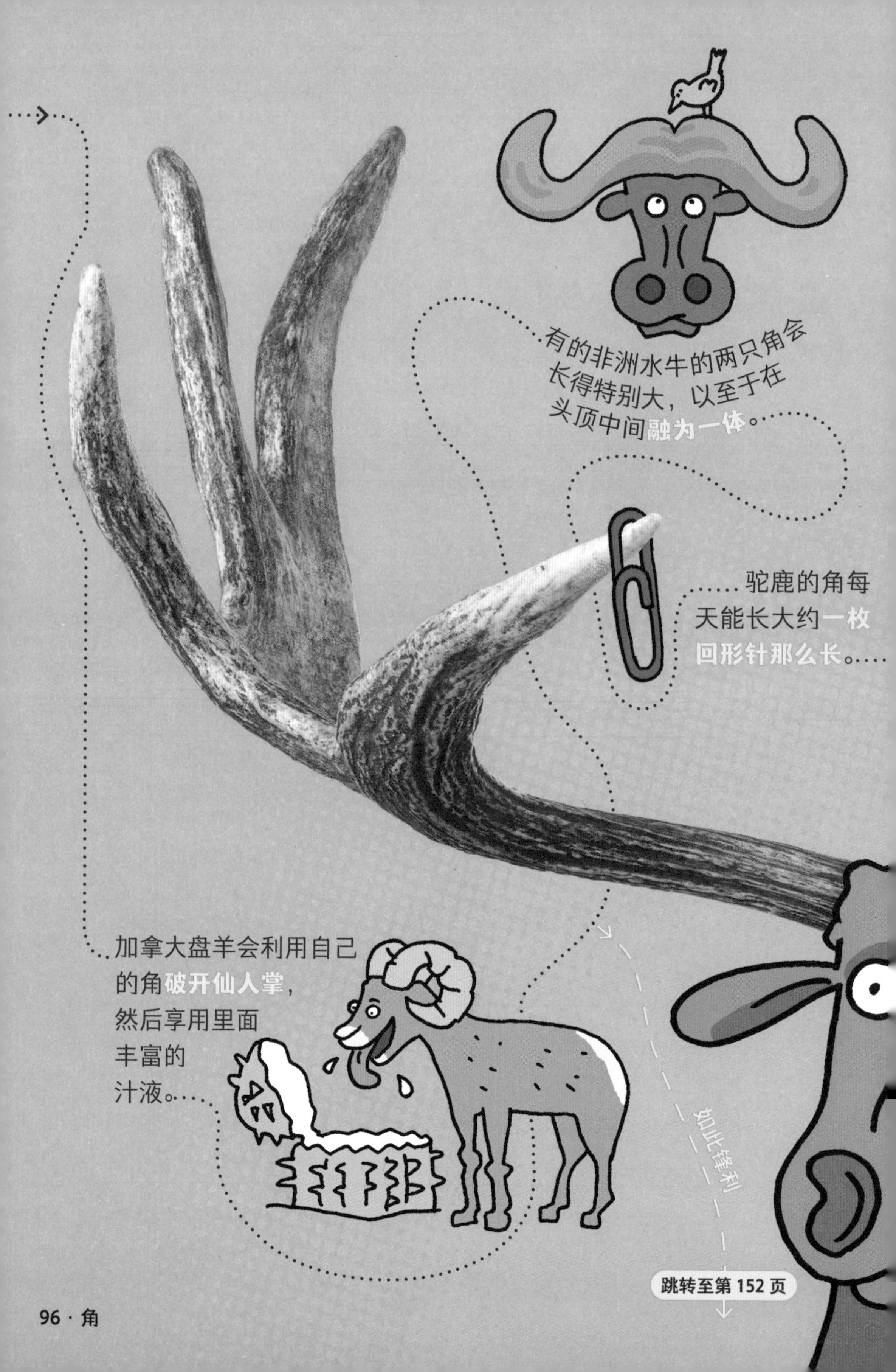

有的非洲水牛的两只角会长得特别大，以至于在头顶中间**融为一体**。
驼鹿的角每天能长大约**一枚回形针那么长**。
加拿大盘羊会利用自己的角**破开仙人掌**，然后享用里面丰富的汁液。
如此锋利

跳转至第 152 页

科斯莫角龙是一种生活在约 7600 万年前的恐龙，它长有**15 只角**，比其他任何动物的角都多。

有一种**衣蛾**会将卵产在死去的动物的角内。待卵孵化后，幼虫便会以该动物的尸骨为食。

更多蛾子

当受到威胁时，盾甲蜥会躲进岩石的**沟**槽或缝隙里，然后用空气填满**肺**，直到自己的身体膨胀到可以被紧紧地卡在其中，很难被拉拽出来。

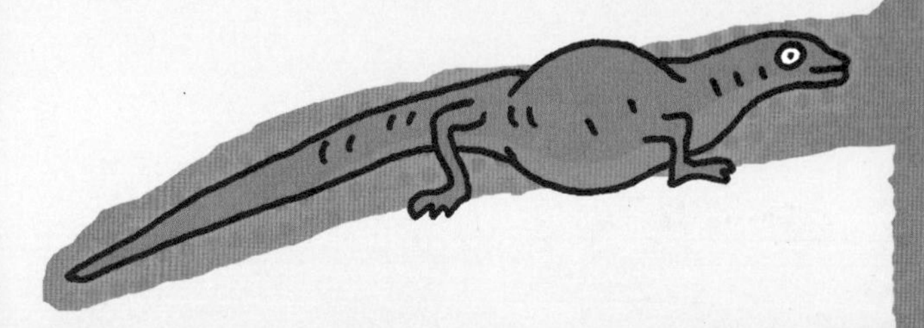

树懒体内有可以将**肺**固定在肋骨上的特殊组织，这使它们在**倒挂**着的时候也能够呼吸。

沙漠陆龟通过在地面挖**沟**来收集雨水。

伶盗龙是一种体形和火鸡差不多大的**恐龙**，有的古生物学家认为，它们可以**跳**得比足球门的门柱还要高。

白条天蛾的幼虫生活在**沙漠**中。它们有时会在受到惊吓时把头抬起来，看起来就像埃及的狮身人面像一样。

负鼠宝宝可以用**尾巴**把自己**倒挂**在树枝上一小段时间。

长颈鹿的**尾巴**是现存**陆生动物**中最长的，差不多和一根高尔夫球杆一样长。

植食**恐龙**马约氏巴塔哥巨龙被认为是有史以来体形最大的**陆生动物**，它们差不多与一架加满燃料和满载货物的商用飞机一样重。

科学家认为，长吻飞旋**海豚**可以借助在空中做出的**跳**跃和旋转等动作传递信息给它们的同伴，比如它们将要去向何方，或前方是否有危险。

有些国家的海军会训练宽吻**海豚**和海狮去寻找和收回在海上丢失的设备。

“**首席捕鼠官**”是一只负责在英国首相家里捉老鼠的猫。

非洲巨颊囊鼠拥有**令人难以置信的高智商**。经过训练后，它们能够通过嗅闻探测出爆炸物，甚至还能检查出一些疾病。

……在美国俄勒冈州的一个高尔夫球场，你可以**雇一只山羊来做你的球童**。这只山羊会背上一个特制的包，里面装着高尔夫球和球杆。

前往农场——

美国伊利诺伊州芝加哥的一座机场利用数十只

奶牛每天会花大约8小时反刍，也就是将自己吃下去的草料呕回口腔里再次咀嚼。
用力咀嚼
山羊、绵羊和驴来除草。

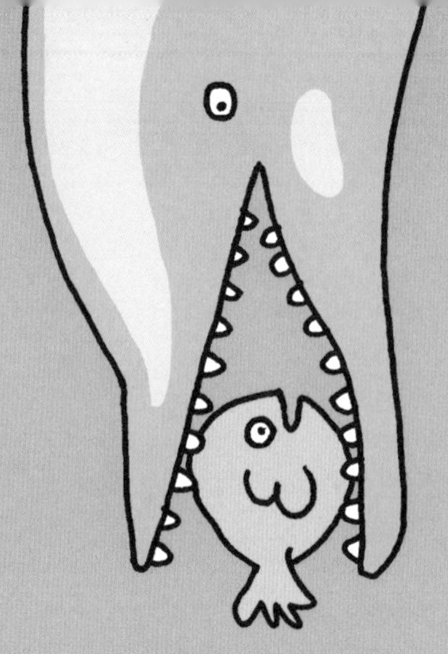

海豚吃鱼时会将其整个吞掉。它们的牙齿不是用来咀嚼的，而是用来**把食物牢牢抓住**的。

河狸的

牙齿是橙色的。

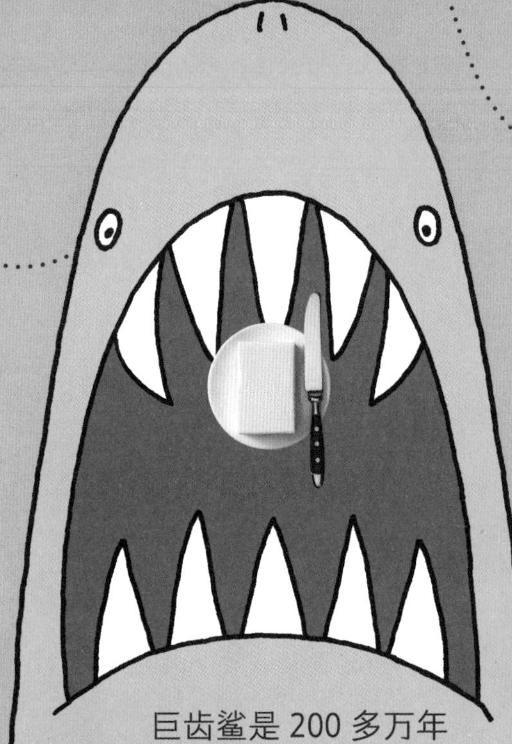

巨齿鲨是 200 多万年前就已灭绝的一种鲨鱼，它们的牙齿**有一把黄油刀那么长**。

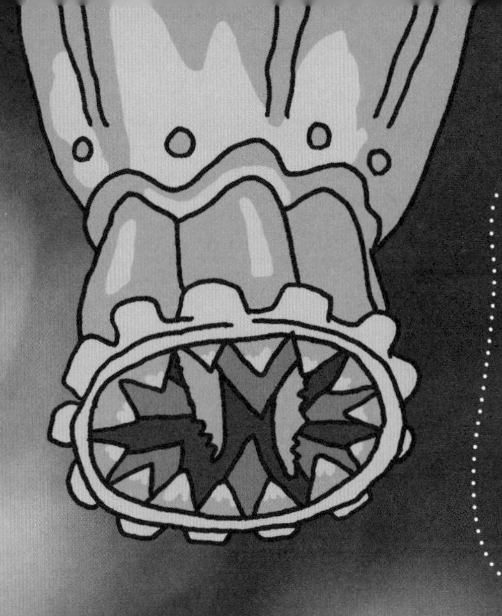

缓步动物没有牙齿，而是有两个被称为“口针”的匕首状口器，用于刺穿猎物然后吸食里面的液体。

凑近观察

有些猴子会用鸟的羽毛来**剔牙**。

回到过去——

跳转至第 66 页

有研究表明，一张普通的床上可能生活着约

150 万只尘螨。

生活在干草场上的虱状蒲螨会**啃咬人类的皮肤**。

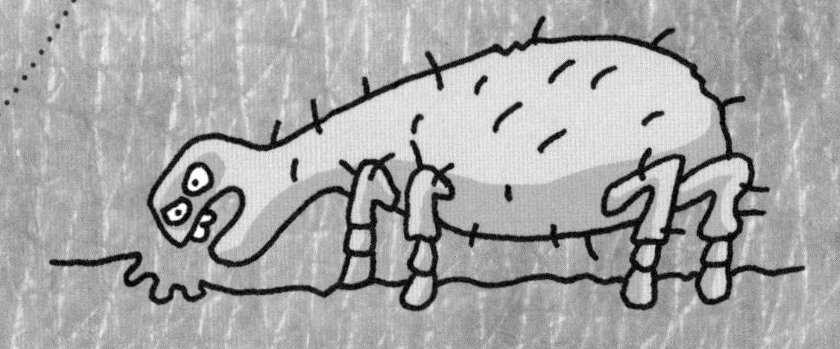

介形虫是一种微型甲壳动物，雄性介形虫会通过**吐出发光的黏液**来吸引潜在的配偶。

更多黏液

鲸在通过头顶的呼吸孔时
会喷出空气、
水和鼻涕。

跳转至第 32 页

十分“鲸”（精）彩！

雌性倭黑猩猩会从孩子的鼻子里把鼻涕吸出来。

引人注目的鼻子

在水下时，
星鼻鼹可以通过重新
吸入自己吐出的气泡来
嗅闻气味。
它们正是利用这种方式
来探测附近是否有猎物的。

嗅一嗅

当危险迫近时，有些锄足蟾会释放出一种闻起来像**花生酱**的物质。

蜜蜂蜇人时会产生一种闻起来像香蕉的气味，以此向蜂巢内的其他成员传递信息。
嗡嗡作响

蜜獾喜欢吃**蜂蜜**和蜜蜂幼虫。它们拥有厚实的皮肤，可以抵御非洲蜜蜂的**毒**刺。

一茶匙的**蜂蜜**是 12 只蜜蜂一生的劳动成果。

黑曼巴蛇是一种**毒**蛇，它们可能会在废弃的**白蚁**丘里休息。

海七鳃鳗会利用吸盘式的**嘴巴**将自己吸附在鱼的身上，然后用**锋利**的牙齿刮掉它们的肉，以吸食它们体内的血液。

鹤鸵是一种不会飞的大型鸟类。它们长有超过10厘米长的**锋利**爪子，可以通过一记强有力的**踢**腿将捕食者“开膛破肚”。

雄性袋鼠在搏斗时会将尾巴作为支点来保持平衡，这样它们便可以抬起双**脚踢**向对手。

蜘蛛**脚**上覆盖着数百万根细小的刚**毛**，这可以帮助它们附着于很多物体的表面。

海豚出生时只有鼻子周围有几根**毛**发，这几根**须**看起来就像它们的小胡子一样。

吸血蝠进食时，会先将动物（通常是牛或马）的皮肤咬破，然后再用**舌头舔**舐血液。

大食蚁兽每天要吃掉多达35000只**白蚁**或蚂蚁，吃它们的时候，大食蚁兽会用满是黏液的**舌头**取食。

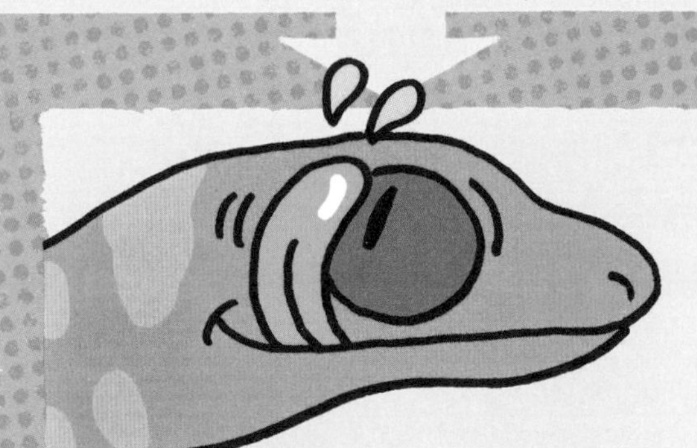

壁虎通过**舔**眼球来保持眼部清洁。

有一种生活在北美地区的鮠（wéi）鱼，它从头到**尾**分布着超过17.5万个味蕾，是人类**嘴巴**中味蕾数量的数十倍。

有时，**壁虎**会折返回来把断掉的**尾**巴吃掉。

嗷——

摄入高脂肪含量的**食物**是灰熊为冬眠做准备时的首要任务。它们在吃鱼的时候，一般只吃鱼皮和脂肪多的部位，剩下的会丢弃在河里。

海象会利用自己的胡**须**在海底寻找**食物**。

跳转至第 30 页

马来熊有时会用后腿行走，同时**将宝宝抱在怀里**。

美国弗吉尼亚州的一名女子在自家后花园的**儿童泳池中**发现了一只**正在打盹儿**的美洲黑熊。

灰北极熊是一种**罕见的**由灰熊与北极熊**杂交**后生下的“混血儿”。

棕熊之间**通过脚来交流**：当它们在地上扭动双脚跳舞时，脚掌上的腺体会释放出气味。

野生大熊猫**有时一天能吃约 38 千克竹子**，这大约相当于 300 个汉堡包的重量。

……骆驼**皮革般的肉垫**可以增加脚掌与地面的接触面积，使它们不会陷进沙子里。……

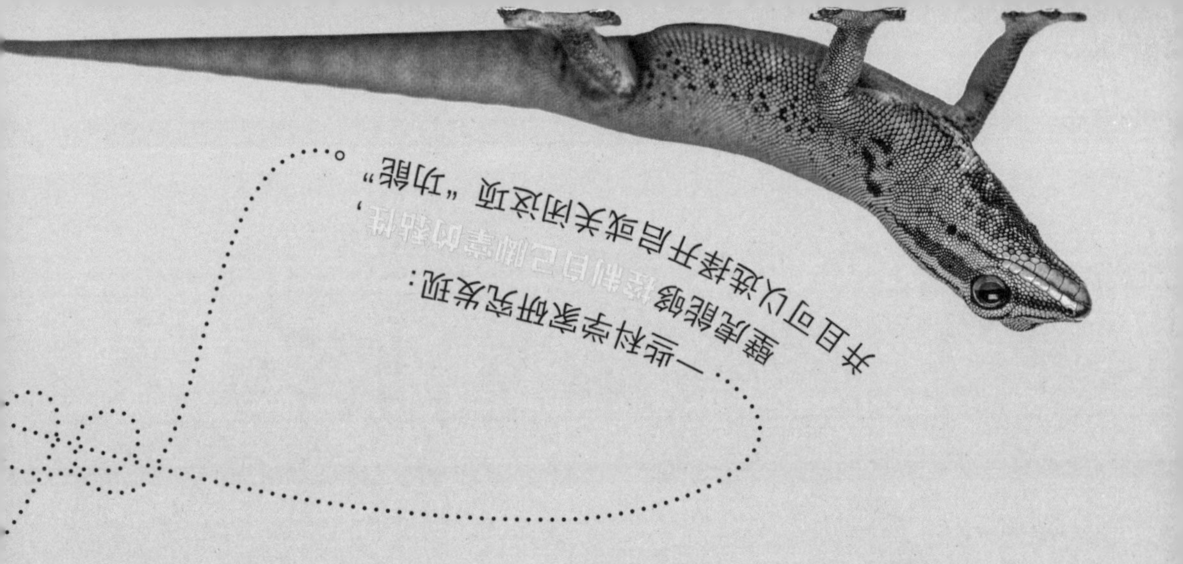

一些科学家研究发现：
壁虎能够控制自己脚掌的黏性，
并且可以选择开启或关闭这项"功能"

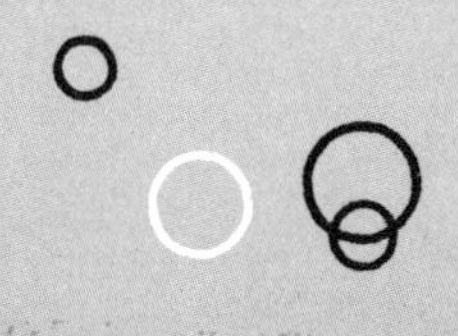

在澳大利亚发现的一个植食性**恐龙的足迹化石**
大约有一个大号浴缸那么大。

挖掘更多的化石

……科学家在一块有着 6600 万年历史的化石上发现了一种奇特的动物，这个物种的门齿和啮齿动物一样，后腿像鳄鱼一样可以伸展开，鼻子上面还有一个洞。因为外形特征奇怪，科学家给它起了个绰号叫“**疯狂野兽**”。……

人们猜测，古人之所以会想象出龙这样的**神话生物**，有可能是因为发现了像鳄鱼、恐龙这样的动物存在的痕迹，比如发现了它们的化石。

……16 世纪，英国探险家将独角鲸的长牙从北美洲带回英国，而在此之前，独角鲸的长牙一直被当作

长达几个世纪。

跳转至第 96 页

巨型皇带鱼的体长比一辆皮卡还要长。有人认为它们是传说中**海蛇**的原型。

火烈鸟会在高温的盐碱地上产卵，因此，有学者认为它可能是古埃及传说中**不死鸟**的原型。据说，埃及的不死鸟在生命即将结束时会燃烧自己，然后再从灰烬中重生。

北海巨妖**克拉肯**（Kraken）是一个巨大的海怪，它的故事起源于斯堪的纳维亚半岛的一个民间传说。在古斯堪的纳维亚语中“kraka”一词意为“往下拖拽”，正是传说中这种怪物会对船只做出的举动。

独角兽是苏格兰的**官方图腾**。

有一种说法是，直到 1976 年，英国的**法律**仍要求

伦敦的出租车司机**在车上为马匹准备食物**，尽管用马车作为出租车的时代早就过去了。

传奇赛马“**秘书处**”（Secretariat）的心脏是普通马匹心脏的两倍大。

获得冠军的是——

一匹马每天产生的唾液足以装满**100个汽水罐**。

一只名叫蒂尔曼（Tillman）的斗牛犬因为会

滑滑板

而成了大明星。它会用爪子蹬踩地面来前进和加速，它滑滑板的身影不仅出现在公园里，甚至还出现在美国纽约时代广场上。

汪汪汪！

白氏树**蛙**会通过在自己周围制造雾气来收集**水**分，以保持皮肤湿润。它们从夜晚凉爽的空气中进入温暖的地下洞穴，从而使皮肤上有水汽。

太平洋褶（zhě）柔鱼（一种鱿鱼）几乎能以和尤塞恩·博尔特（Usain Bolt，男子100米短跑世界纪录保持者）**奔跑**时差不多的速度跃出**海**面。

黑嘴天鹅起飞前在**水**面上**奔跑**的声音听起来就像骏马奔腾而过。

拳师犬**兴奋**时会用前爪互相“击打”，同时用后腿保持平衡，样子很像一位拳击手。

兴奋的豚鼠有时会“爆米花跳”——它们原地**跳**起，和崩爆米花时爆米花突然跳起来一样。

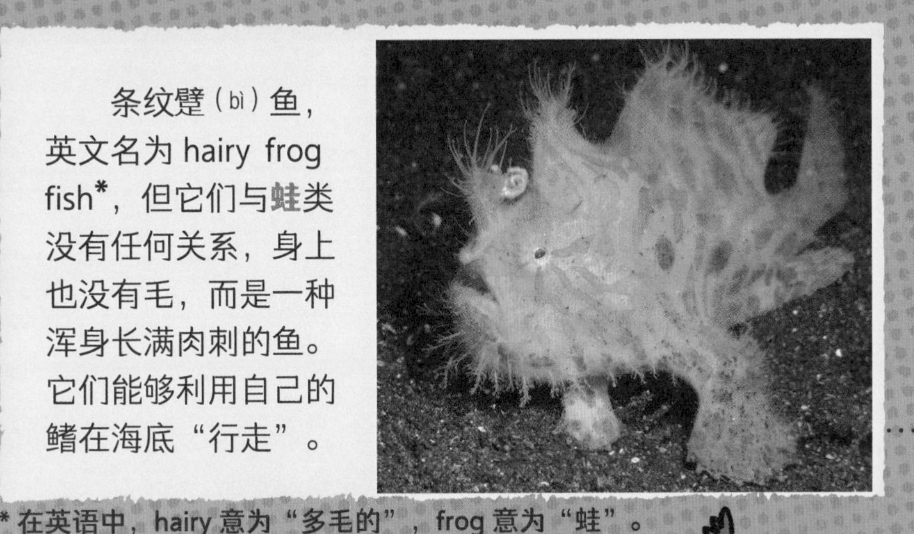

条纹躄（bì）鱼，英文名为 hairy frog fish*，但它们与**蛙**类没有任何关系，身上也没有毛，而是一种浑身长满肉刺的鱼。它们能够利用自己的鳍在海底“行走”。

有股鱼腥味

* 在英语中，hairy 意为“多毛的”，frog 意为“蛙”。

隆头鹦嘴鱼会利用自己的大尺寸额头在**海**中的珊瑚礁附近与对手相**撞**。

假如一只短吻鳄闯进了一头佛罗里达海牛的领地，海牛通常会**游**到鳄鱼身边**撞**击它，直到它离开。

沙袋鼠宝宝察觉到危险时，通常会**跳**进妈妈的**育儿袋**里寻求保护。

蹼足负鼠的**育儿袋**是防水的。当它们在溪流或池塘中**游**泳时，这个袋子可以使里面的宝宝保持身体干燥。

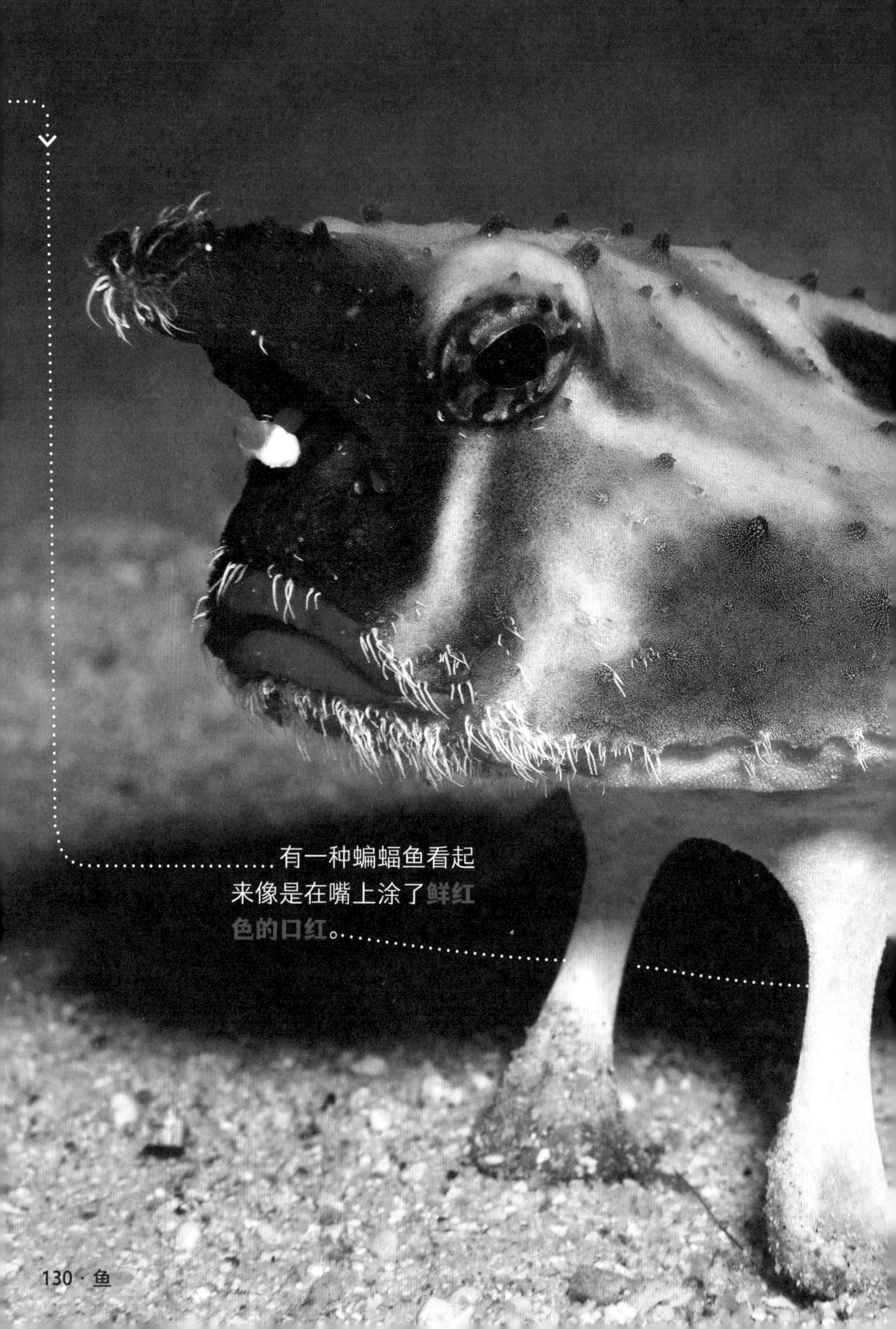

有一种蝙蝠鱼看起来像是在嘴上涂了**鲜红色的口红**。

拟刺尾鲷也被称为“**调色盘鱼**”，因为它们身上长有调色盘状的黑块。
图案逐渐显现……

美洲豹身上参差不齐的斑点因为形状酷似玫瑰而被称作“**玫瑰斑**”。

雄性白斑河豚会在海底制造一些图案，并用**贝壳对图案进行装饰**，以此来吸引雌性白斑河豚。

……计算机科学家开发了一个**类似于识别条形码的扫描系统**，它可以通过照片来识别每匹斑马。

更多黑白相间的动物

大熊猫有时会用**倒立的姿势**小便。

大麦町犬俗称“斑点狗”。它们不仅皮毛上有斑点，就连**嘴里**也有。

刚出生的**虎鲸**，其腹部和眼斑
并不是白色的，而是粉橙色的。
在英语中，一群企鹅有一个特别的量词“**摇摆**”（waddle）。一“摇摆”企鹅就是指一群企鹅。
白脸长
黄胡蜂可以
建造出比一
个篮球还要
大的巢穴。
小心被蜇！

长毛蜘蛛鹰既不是蜘蛛也不是鹰，而是一种胡蜂。它们是**蜇人最疼**的昆虫之一。

蝎子会**利用自己带有毒刺的尾巴进行对决。**胜利者会将毒刺扎入对手体内，然后将它吃掉。

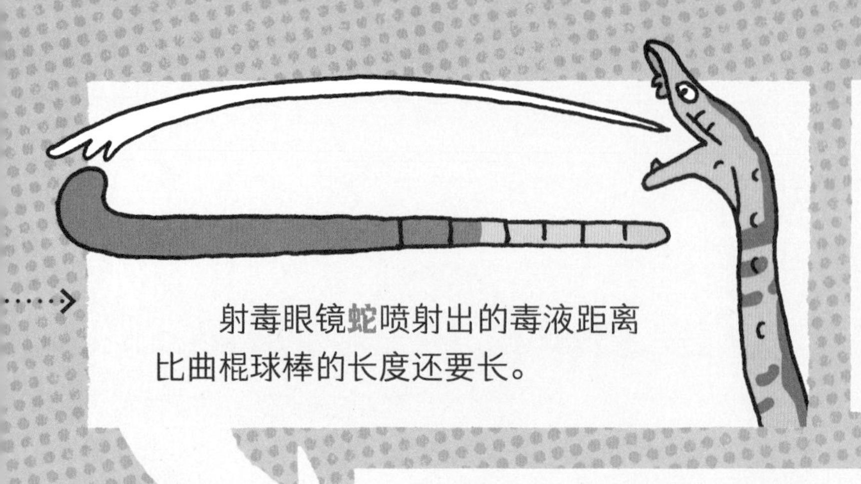

射毒眼镜**蛇**喷射出的毒液距离比曲棍球棒的长度还要长。

吸蜜**蜂鸟**产下的蛋只有一粒豌豆大小，是世界上最小的鸟**蛋**。

眼镜王**蛇**是目前已知的唯一一种会为自己的**蛋**筑巢的蛇。

黑**鹭**可以在头顶用翅膀的羽毛折出一把临时的“伞”，以此将**浅**水区的鱼吸引至“伞”下的阴凉区域。

獾会在自己的洞穴外挖一些**浅**浅的坑**洞**作为厕所。

加岛环企鹅会将卵产在火山**石**的**洞**穴或石缝等地。

短吻鳄吞咽小**石**块是为了延长自己在**水下**停留的时间。

驼鹿能够潜入**水下**觅食，比如吃湖泊或**池塘**底部的植物。

鸭嘴兽的嘴巴极其敏感，能够捕捉到猎物产生的生物电磁场。它们正是利用这一点在**池塘**或河流底部寻找**食物**的。

红喉北**蜂鸟**扇动**翅膀**的频率可达每秒 50 次以上。

翼龙是生活在**恐龙**时代的一类会飞的爬行动物。有学者认为，它们的“**翅膀**”不仅可以让它们在空中“遨游”，还可以用于在陆地上行走。

棘龙是一种既可以在水中也可以在海岸线附近捕食的**恐龙**，习性和现在的**鹭**差不多。

沙**蟹**的**胃**里长有“牙齿”。这些牙齿不仅能够帮助消化食物，还可以通过相互摩擦发出一种类似咆哮的声音，从而吓跑捕食者。

褐鹈（tí）鹕（hú）的喉囊可以容纳的**食物**量是其**胃**容量的 3 倍。

椰子**蟹**锯齿状的“钳子”可以像刀一样把椰子壳撬开。

横行而来

寄居蟹，英文名为 hermit crab*，它们的生活方式和它们的名字给人的印象不同，它们实际上是一种群居动物。在野生状态下，寄居蟹会组成 100 名以上成员的群体，生活在一起。

* 在英语中，hermit 意为“隐居的修士”，crab 意为“蟹”。

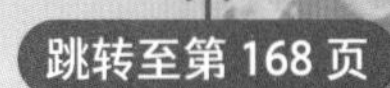
跳转至第 168 页

雌性豆蟹会**在牡蛎、贻贝或扇贝的壳中**度过自己的成年生活。

招潮蟹如果在战斗或攻击中**失去了一只“钳子”**，会重新长出一只来。

感受艺术气息

加拿大新不伦瑞克省的希迪亚克被称为“世界龙虾之都”，城市入口处，有一座 11 米长的**龙虾雕塑**，来迎接市民和游客。

一位法国艺术家创作了 **1600 只纸塑大熊猫**，并自 2008 年开始在世界各地进行展出。每一只纸塑大熊猫都代表了一只野生大熊猫。

你可以在美国得克萨斯州休斯敦的一个动物园里买到由小熊猫、犀牛或猎豹创作的**画**。

苏格兰爱丁堡市有一座用来纪念棕熊佛伊泰克（Wojtek）的雕像，这只**训练有素的棕熊**曾在战争中帮助军队运送物资。

超级英雄在这边

一只名叫萨莉（Sally）的澳大利亚虎斑猫曾在一场火灾中**救了主人的命**。火灾发生时，萨莉跳到主人身上并且大声“喵喵”叫，把正在睡觉的主人叫醒了。

一只名叫弗里达（Frida）的黄色拉布拉多猎犬曾在墨西哥的一次地震后**帮助营救幸存者**。

在过去，士兵们曾用玻璃罐将

萤火虫

收集起来，以便在夜晚利用它们发出的光查看地图和报告。

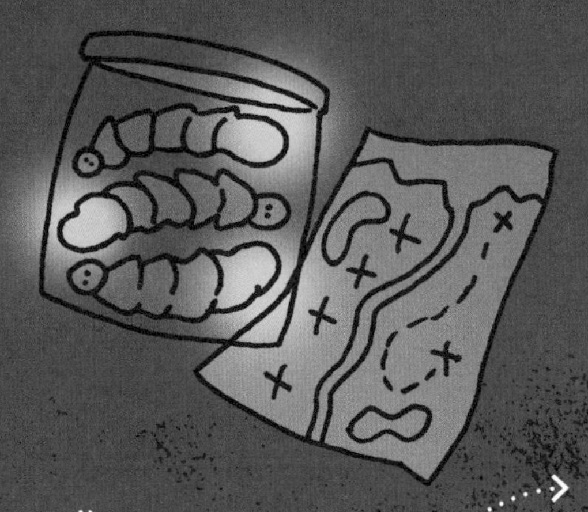

光明就在前方

有些种类的萤火虫可以通过同步闪烁来帮助同一群体的成员寻找彼此。

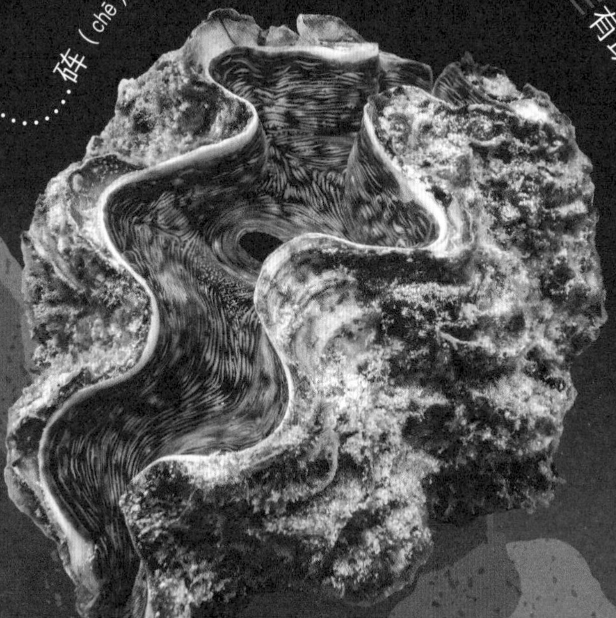

砗（chē）磲（qú）边缘处发出的蓝色或绿色光芒有助于生活在其体内的藻类生长。

跳转至第 84 页

还可以这样伪装！

有一种**蟑螂**会发出绿光，使捕食者把它们当作一种有毒的甲虫。

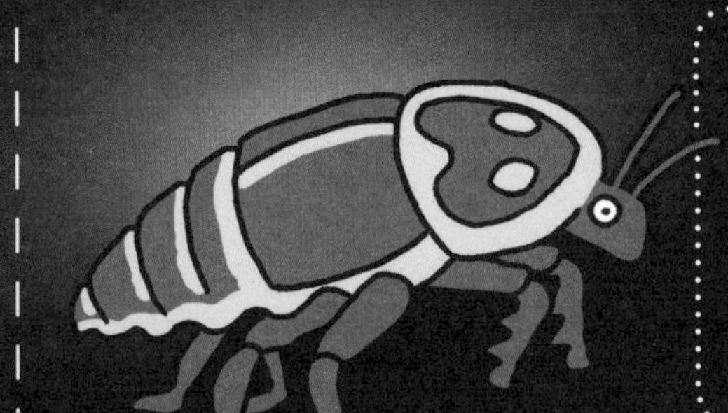

更多甲虫

夏威夷短尾乌贼在夜晚会发出蓝色的光芒，**与月光下的海水融为一体**，以此来伪装自己。

当受到攻击时，海蛇尾会**切断自己的一条发光腕足**。这样，捕食者的注意力便会被那条分离的腕足所吸引，而它们则趁机迅速逃走。

泰坦大天牛能够把一支铅笔咬断。

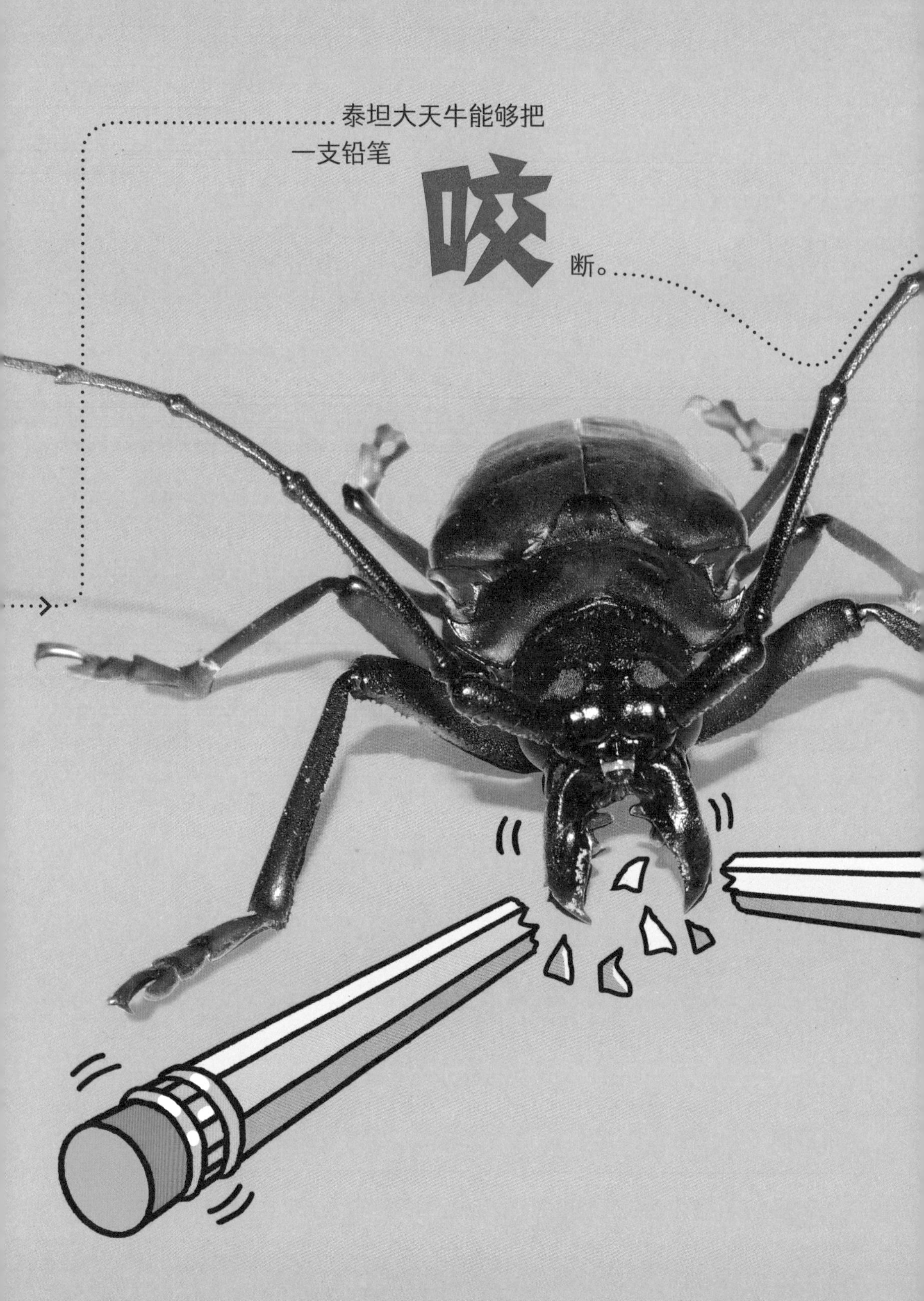

奔向未来
沙漠拟步甲
能将空气中的水分
收集到自己**凹凸不平**的外壳上，
并以此在极其炎热和干燥的
沙漠中存活。科学家正在
研究这种甲虫，试图开发
出一种可以从空气中
获取水分的自动
蓄水瓶。

跳转至第 92 页

科学家通过模仿河狸和海獭的毛皮结构设计出了一款材料，它可以被用于制作一种新型的**毛茸茸的保温潜水服**。

绝妙的皮毛
受大象鼻子的启发，科学家发明了一种**灵活的机械臂**，

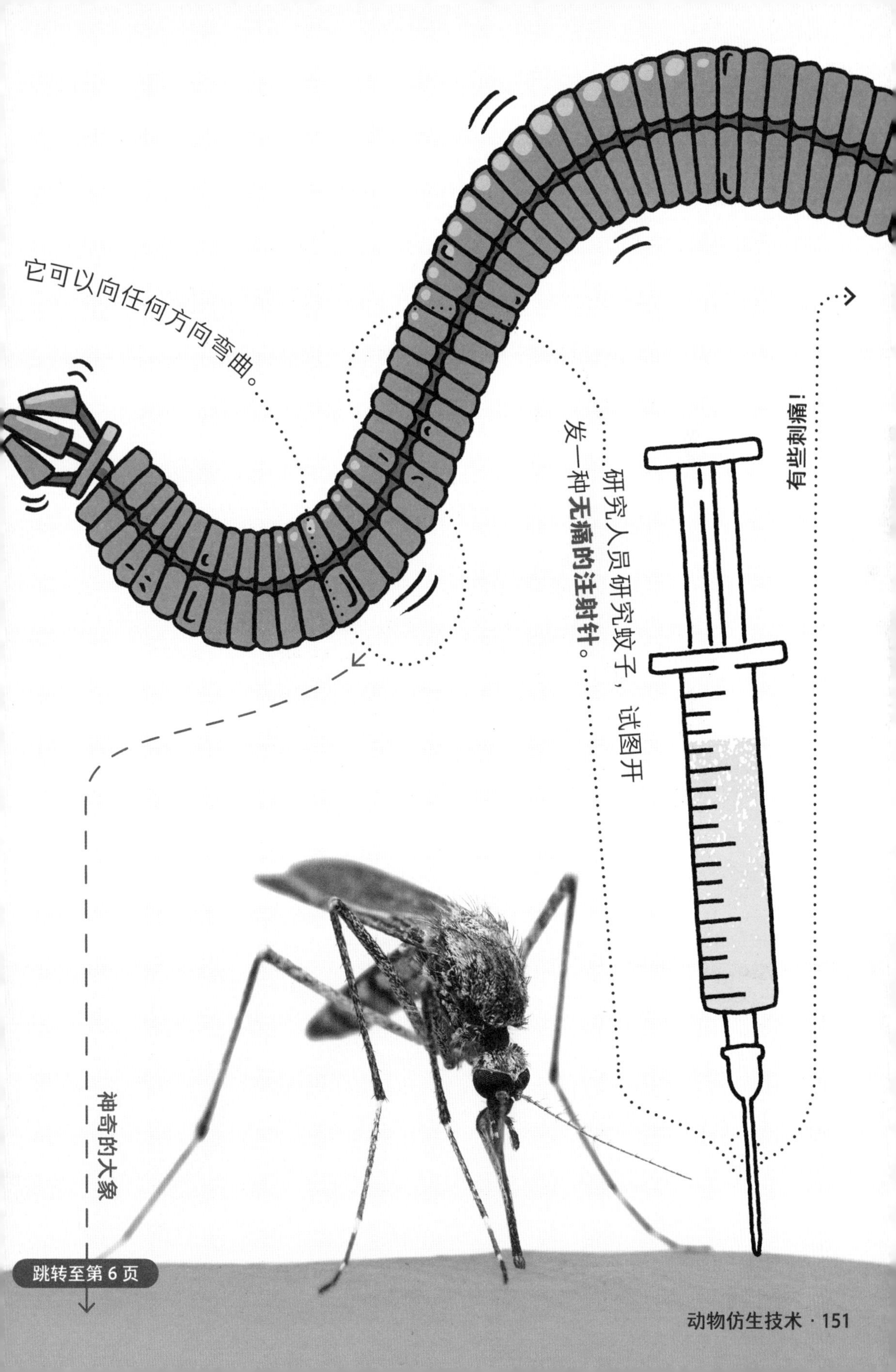
它可以向任何方向弯曲。
研究人员研究蚊子，试图开发一种**无痛的注射针**。
有些刺痛！
神奇的大象
跳转至第 6 页

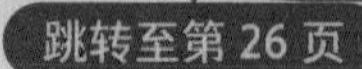

刺猬宝宝刚出生时**刺是软的**。出生后不久，这些刺就会变得既坚硬又锋利。

好多蜥蜴

棘蜥能够通过吸入空气给自己的身体充气。它们这样做可以把覆盖在自己身上的尖刺伸出来，使得捕食者无从下嘴。

在受到威胁时，豪猪会通过**摇动**自己尾巴底部的**空心刺**发出声响，以警告捕食者后退。

南方绒蛾的幼虫（俗称“猫毛虫”）的“毛”实际上是**装满毒液的空心小刺**。

姬鸮是**世界上体形最小的猫头鹰**。它们通常把家安在沙漠地区满是尖刺的巨人柱（一种仙人掌）上的洞里。

想要柔软一点儿的话——

一只名叫弗兰切斯卡（Franchesca）的英国安哥拉兔长有36.5厘米长的毛发，是所有兔子中毛发最长的，**创下了世界纪录**。

北极狐在冬天睡觉时会用自己毛茸茸的尾巴**裹住身体来取暖**。

羊驼的**柔软绒毛**具有防火性，可以被纺成纱线。

跳转至第 90 页

清洁时间到!

松鼠在掉落时会抖开自己**蓬松的尾巴**，以便更慢、更轻柔地着陆。

更多啮齿动物

长尾毛丝鼠会**在细腻的火山灰中洗澡**，以保持自己厚皮毛的清洁。

水豚在早晨会
食用自己的粪便。

美国纽约的一只老鼠因被拍到叼着一块比萨饼跑下地铁站的台阶而获得了

比萨鼠的绰号。

窜入地铁站——

每个狼**群**都拥有**独一无二**的嚎叫声。

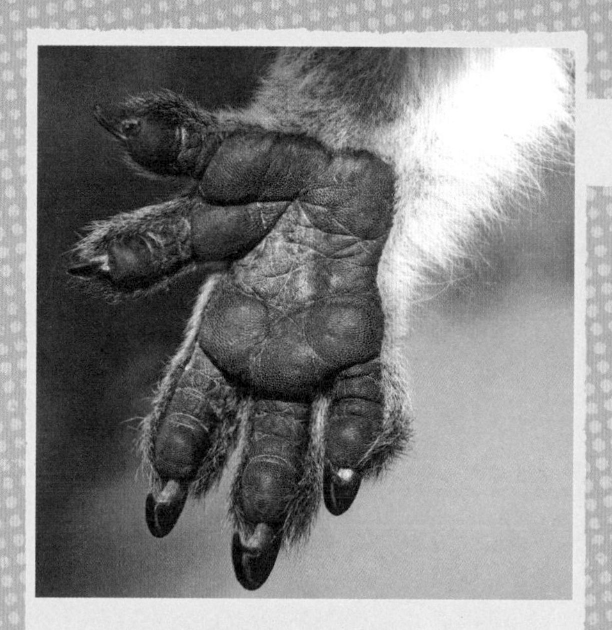

有些动物，如大猩猩、黑猩猩和**树袋熊**，它们的指纹是**独一无二**的，就像人类一样。

有研究认为，**树袋熊**是通过拥抱**树**木来降温的。

在美国纽约，曾经因为有两只山羊在地铁轨道上游荡而耽误了人们一个多**小时**的通勤时间。

小鼩鼱如果几**小时**未进食，就有可能**死亡**。

东部猪鼻蛇在受到捕食者的**攻击**时会假装**死亡**：全身变得僵硬、毫无生气，即使用东西戳它们，它们也不会动。

有研究表明，一只河狸平均每年会啃倒 300 棵**树**。

鬣狗族**群**中的成员会在**呕吐物**中打滚儿。

骆驼**吐**出的口水大多是**呕吐物**，而不是唾液。

当受到**攻击**时，红石蟹会朝捕食者**吐**水。

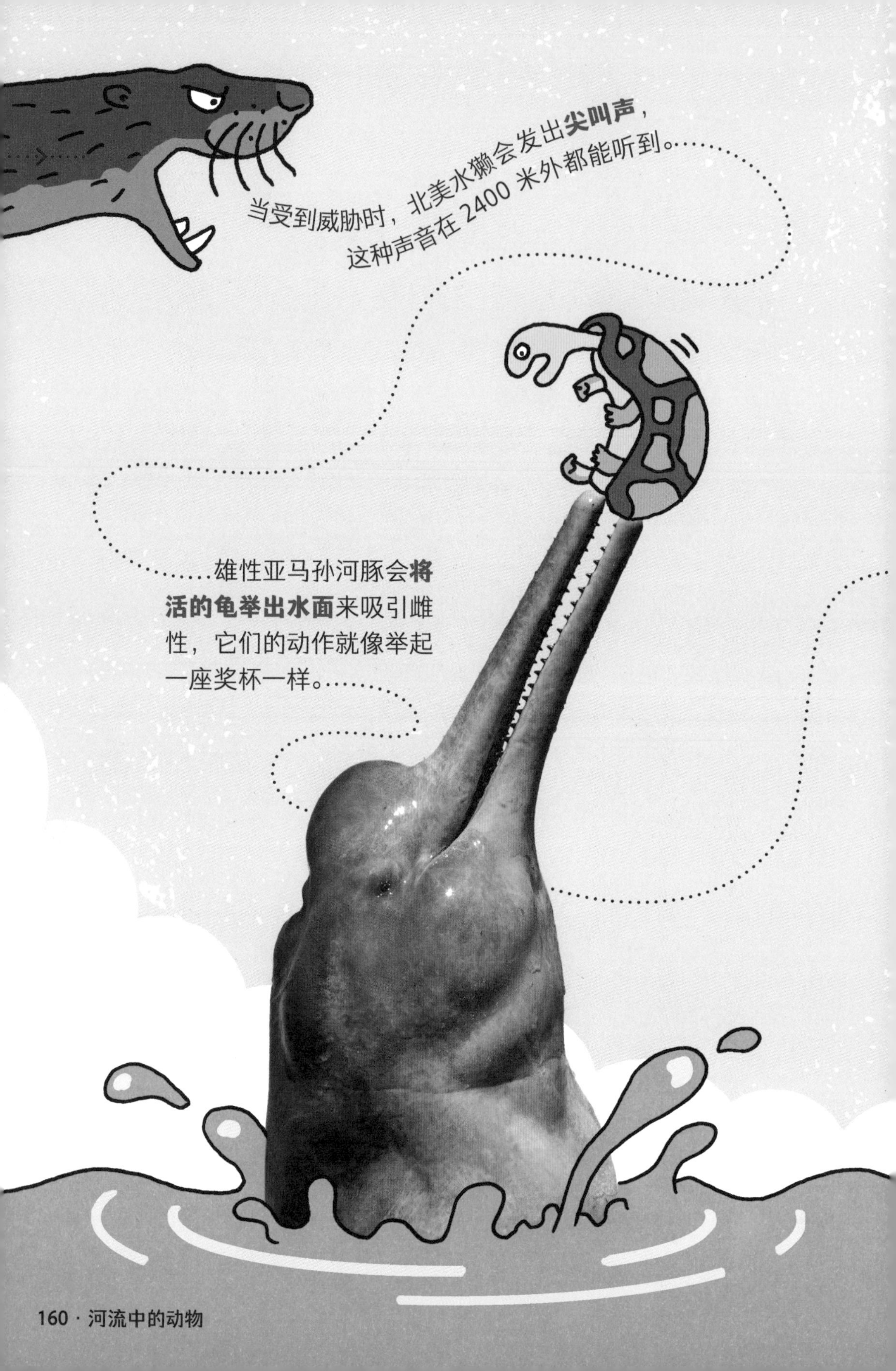
当受到威胁时，北美水獭会发出**尖叫声**，
这种声音在 2400 米外都能听到。
雄性亚马孙河豚会**将活的龟举出水面**来吸引雌性，它们的动作就像举起一座奖杯一样。

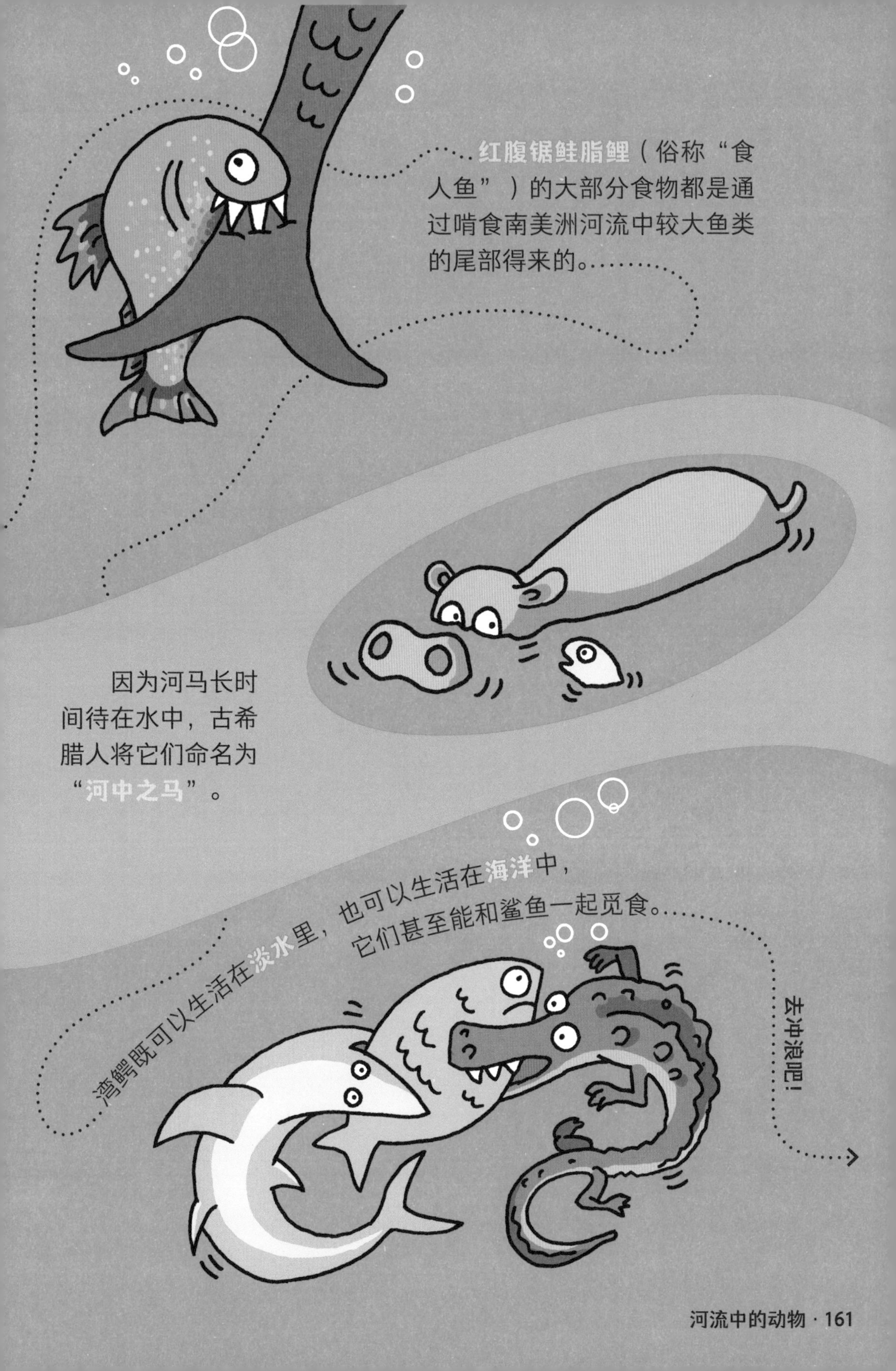
红腹锯鲑脂鲤（俗称“食人鱼”）的大部分食物都是通过啃食南美洲河流中较大鱼类的尾部得来的。
因为河马长时间待在水中，古希腊人将它们命名为“河中之马”。
湾鳄既可以生活在淡水里，也可以生活在海洋中，它们甚至能和鲨鱼一起觅食。
去冲浪吧！

贝壳是一些软体动物的外壳，**曾被当作货币使用**。

在南非开普敦附近的海滩上，斑嘴环企鹅有时会在**自己的粪堆**上筑巢。

海龟的性别取决于孵化时沙子的温度。

神奇的龟

西部锦龟能够**憋气**长达 4 个月。

需要换口气吗?

生活在帝王鲑体内的一种水母状的寄生虫是世界上目前已发现的唯一一种**不需要氧气**就能存活的动物。
蚊子的幼虫生活在水下，它们是通过一个**类似潜水呼吸管的特殊管状器官**来呼吸的。
雄性海象的**脖子里**长有像漂浮装置一样**的气囊**，这使它们不容易沉入水中。

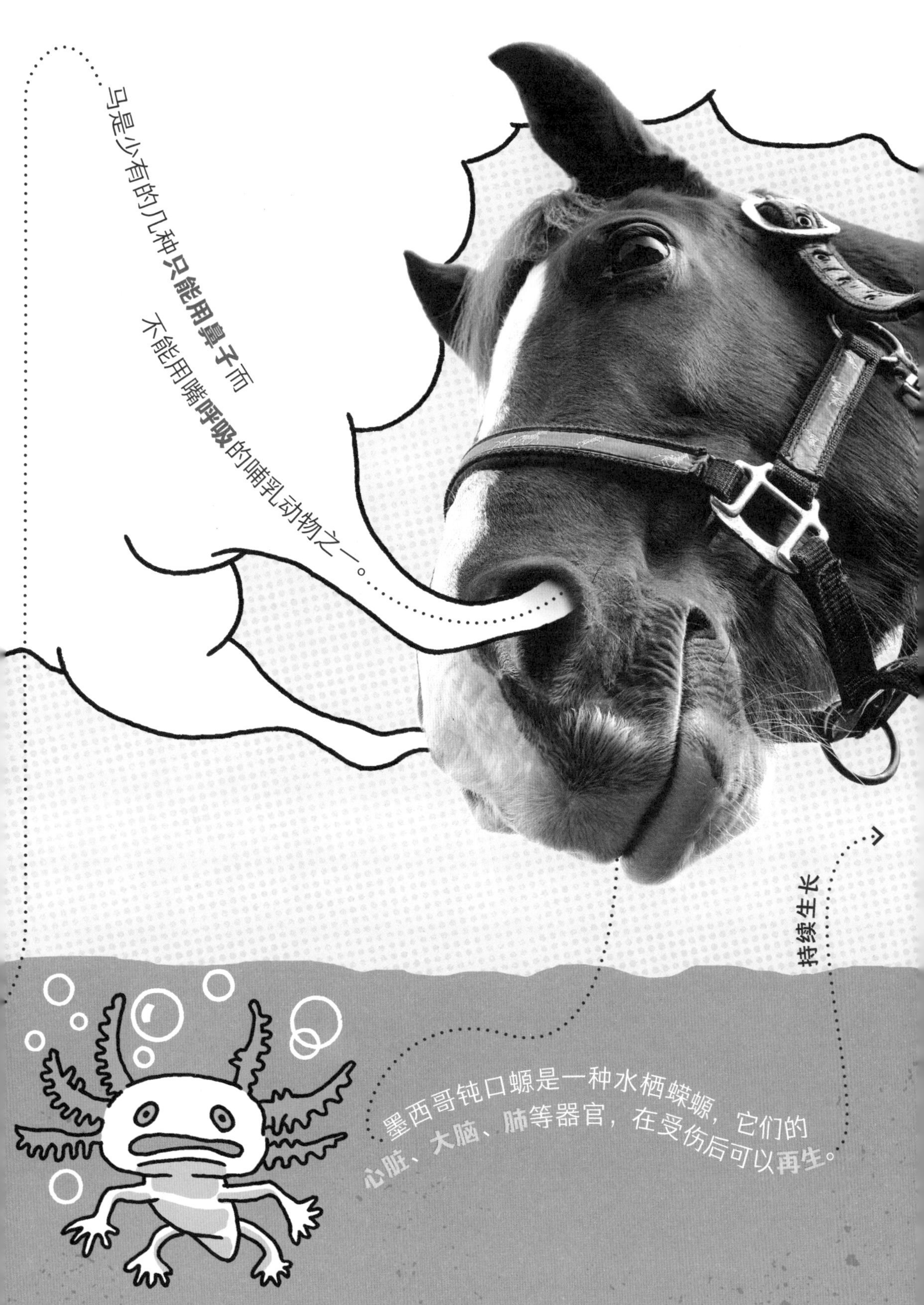
马是少有的几种只能用鼻子而
不能用嘴呼吸的哺乳动物之一。
持续生长
墨西哥钝口螈是一种水栖蝾螈，它们的
心脏、大脑、肺等器官，在受伤后可以再生。

有些种类的海蛞蝓会在体内感染寄生虫后切下自己的头部，舍弃被感染的旧身体，**重新长出一个健康的新身体**。

有些种类的

海星

能够利用断裂的肢体再生出整个身体。

非凡的身体？

猫的弹跳**高度**可以达到其坐姿身高的 9 倍。

世界上最高的狗是一只名叫宙斯（Zeus）的大丹犬，它站立时的**高度**和一只帝企鹅的高度差不多。

猎豹的脊椎不仅很长，而且比其他大型**猫**科动物的脊椎更有**弹性**，这使其高速奔跑时的每一步都能跨出相当于一辆皮卡的长度。

海蛇尾的腕部有很好的**弹性**，可以伸长到网球拍那么长。

海马可以用尾巴紧紧钩住海**草**，以防止自己被洋流冲走。

为了带领幼狮穿过热带草原上的高**草**丛，雌性非洲狮会翘起自己带有黑色簇状末端的**尾巴**，就像举着一面旗子一样。

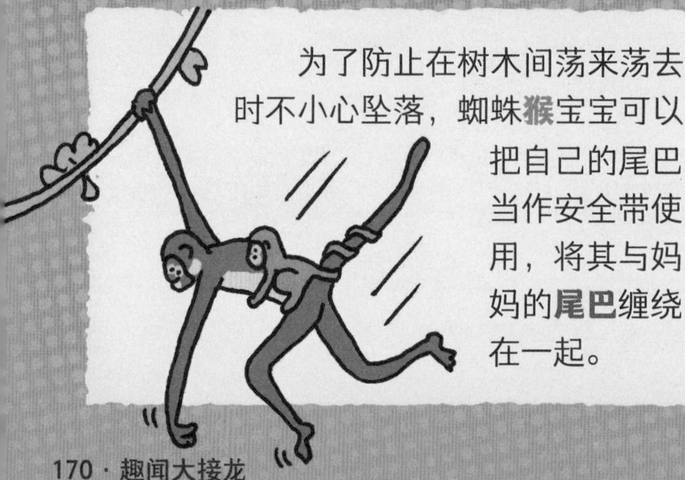

为了防止在树木间荡来荡去时不小心坠落，蜘蛛**猴**宝宝可以把自己的尾巴当作安全带使用，将其与妈妈的**尾巴**缠绕在一起。

生活在委内瑞拉的卷尾**猴**会用皮毛摩擦**马陆**（一种节肢动物），这是因为马陆体内含有特殊的化学物质，可用于驱赶昆虫。

秘鲁**企鹅**可以将“**大便**炸弹”发射至1.3米外。

一项调查研究显示，一只海参一年会产生约14千克大便，这些**掉落**在珊瑚礁上的**大便**有助于珊瑚礁保持健康。

爱开玩笑的澳大利亚人时常会提醒游客：当心被从**空中掉落**的凶猛树袋熊伤到。

如果从**空中**俯瞰科隆群岛的伊莎贝拉岛，你会发现它的形状仿佛一只**海马**。

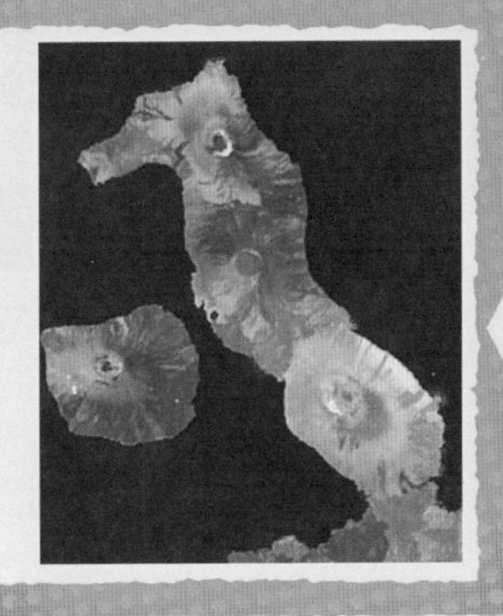

如此聪明！

美国加利福尼亚州的一家动物园里有一只名叫肯·艾伦（Ken Allen）的年轻**红毛猩猩**。有时，它会在晚上拧下围栏的螺栓，在自己的保育室周围散步，然后在动物园管理员发现之前再把自己锁回去。

黄斑**马陆**受到攻击时会释放一种化学物质，**闻起来**像烘烤过的杏仁。

榴梿是**红毛猩猩**最喜欢的食物之一，尽管有人认为它们**闻起来**像臭袜子。

蜜蜂能进行简单的加减法运算。

为了更好地捉住蛴（qí）螬（cáo），即金龟子的幼虫，

跳转至第 12 页
飞到这边来！
新喀鸦会将棍子的末端啄成钩状。
前方正在施工
囊鼠在建造自己的洞穴时会把石头当铲子用。

有些鸟类在筑巢时会用到**蛇皮**。

北极狐巢穴周围因为有粪便滋养着土壤，即使是在冻原地带也可以形成**五颜六色的花园**。

棕灶鸟的巢穴看起来像一个**室外面包烤炉**，它们的名字也正是来源于此。

……有的胡蜂会收集并咀嚼木材以及小块的植物。它们会将咀嚼后产生的**浆状物吐出来**，待其干燥后形成类似纸张的物质，并以此来筑巢。
更多黏稠的东西
草原犬鼠会**在自己的洞穴内**建造一些**有特定用途的空间**，如“育儿室”，甚至还会有“厕所”。

……刺猬在舔过对自己来说味道陌生的物体之后，可能会分泌**泡沫状**的唾液，并将其涂满全身，包括身上的刺。……

蛞蝓和蜗牛

都可以通过

它们在**黏液痕迹**中留下的

化学物质

你说什么？
交流。
与同伴进行

跗（fū）猴，又叫眼镜猴，是一种灵长类动物，它们会使用一种**高音调的尖叫声**进行交流，然而这种声音的频率超出了人类和捕食者的耳朵所能捕捉到的频率范围。

西部低地大猩猩科科（Koko）掌握了大约 **1000个** 美国手语 **手势**。

科学家正在研究猫和狗是否能够通过**用爪子摁下**会发出语音的**按键**来与人类进行真正的对话。

完美的爪子

野生哺乳动物的爪印在英文中有一个专门的单词，叫作“**野兽的足迹**”（pugmark）。

云豹能够利用锋利的爪子将自己

倒挂在树枝上。

仙后水母又名“倒立水母”或“朝天水母”。它们会将自己的钟形身体倒置在海底，触手部分向上朝着太阳的方向摆动——整体的造型看起来仿佛一株植物，以捕食路过的浮游生物。

鲎（hòu）是一种奇特的动物，小时候它们是背朝下游泳的。

有点黏手

吸足蝠是罕见的几种不倒挂着睡觉的蝙蝠之一。它们会分泌出一种类似汗液的物质，将自己**垂直地粘**在树叶上。

跳过来！

蛙类有黏性的并不是它们的**舌头**，而是它们的唾液。它们的唾液在与猎物（如苍蝇）接触时，便会变成一种稀薄的液体，继而散布到猎物的全身，随后立即变得黏稠起来，这使得它们能够牢牢抓住猎物。

蜡白猴树蛙能够分泌出一种类似蜡的物质。它们会将这种物质涂满全身，以防止自己在阳光下因流失过多水分而被晒干。

角囊蛙的背上长有**和袋鼠的袋子类似的“育儿袋”**。角囊蛙会将卵装在这里，直到它们发育成幼蛙。

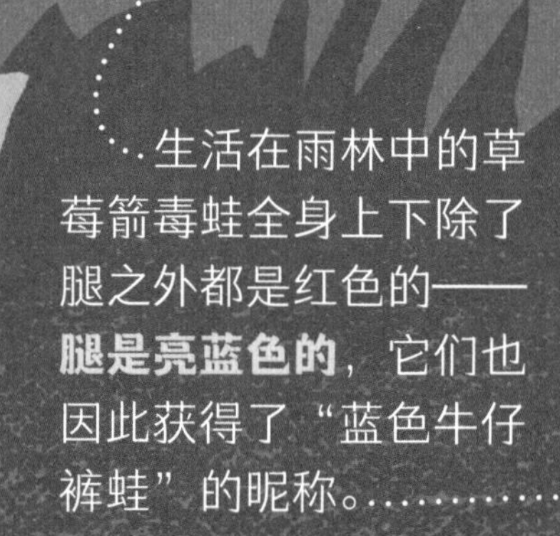

生活在雨林中的草莓箭毒蛙全身上下除了腿之外都是红色的——**腿是亮蓝色的**，它们也因此获得了“蓝色牛仔裤蛙”的昵称。

圆眼珍珠蛙受到惊扰时会发出**刺耳的尖叫声**。

大点儿声

有些青蛙会把卵产在悬于溪流或河流之上的叶子底部。当卵孵化时，小蝌蚪便会扑通一声掉进水里。

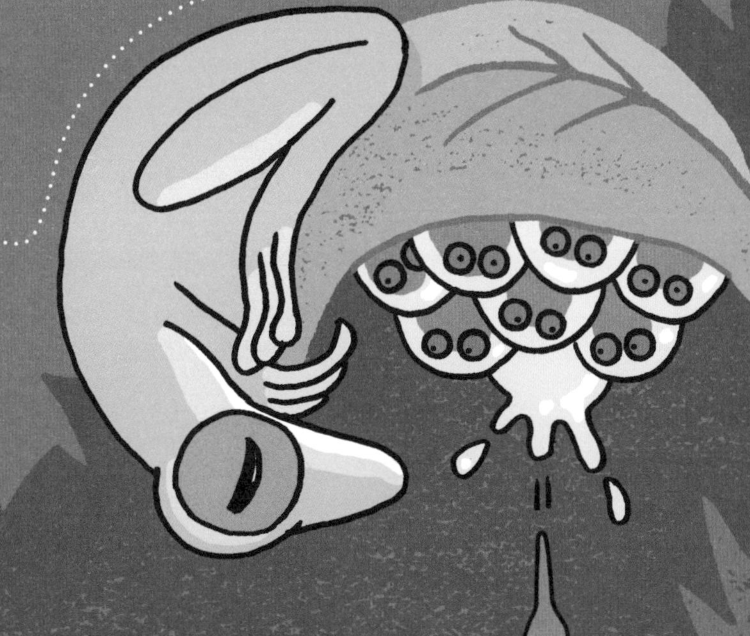

探索雨林
跳转至第 60 页

裸鼹形鼠生活在由一只鼠后统治的群体中，其他成员各有分工，有的需要照顾鼠后的**孩子**，甚至还要吃鼠后的**粪便**！

鸣角鸮用独特的方式来防止寄生虫侵害自己的**孩子**。它们会捉一些蠕虫样子的蛇放入巢中，让蛇把寄生虫都吃掉，使小鸣角鸮免受侵袭。

蚂蚁没有耳朵，它们“听”的方式是用**腿**来感受震动。

长颈鹿的**腿**和**脖子**一样长。

马达加斯加岛的长颈象甲会把自己的超长**脖子**当作起重机使用，为每一枚**卵**构建一个“树叶巢穴”。

在美国，人们曾用从得克萨斯州的**布兰肯洞穴**里收集到的蝙蝠**粪便**制造火药。

每到**夏**季，**布兰肯洞穴**内每平方米都有5000多只刚出生的小蝙蝠挤在一起。

位于**南极洲**的企鹅邮局是全球最南端的邮局。每年**夏**天，邮局周围都会成为数千只巴布亚企鹅的栖息地。

南极洲是唯一没有任何本地**蚂蚁**的大陆。

雌性负子蝽(chūn)会将**卵**产在雄性的背上，而雄性负子蝽在卵孵化前会一直背着它们。

自豪的父亲

……雄性达尔文蛙会将还在发育中的小蝌蚪放入自己的声囊里，待它们变态成蛙后（两个月左右），再将小蛙从口中**咳出来**。……

……鸵鸟妈妈和鸵鸟爸爸会轮流孵蛋。因为雄性鸵鸟的深色羽毛在夜晚更不容易被捕食者发现，所以鸵鸟爸爸一般会“**上夜班**”。……

……“怀孕”并生下小海马的是海马爸爸，海马爸爸的育儿袋

天色渐暗

跳转至第 18 页

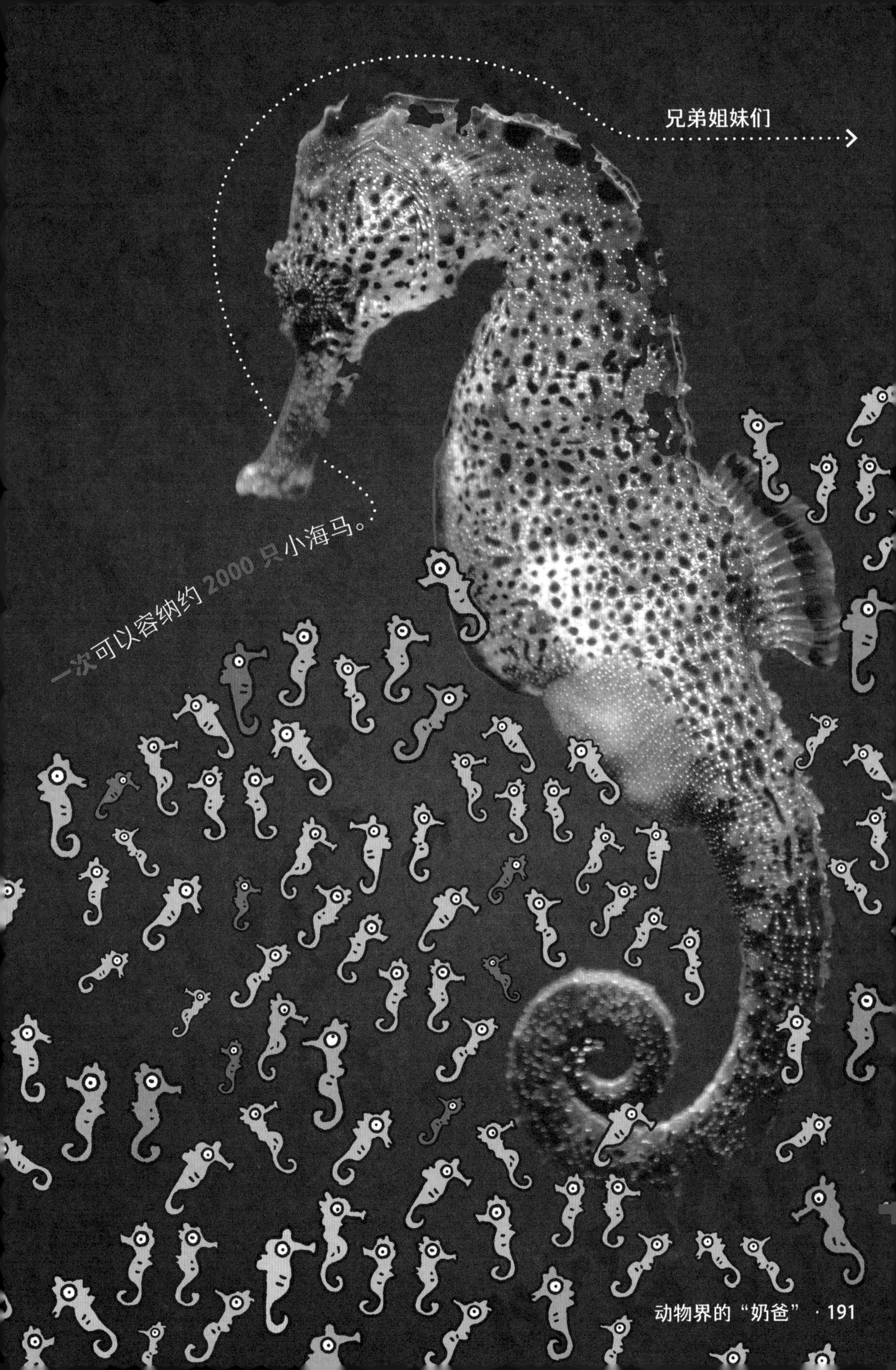
兄弟姐妹们
一次可以容纳约 2000 只小海马。

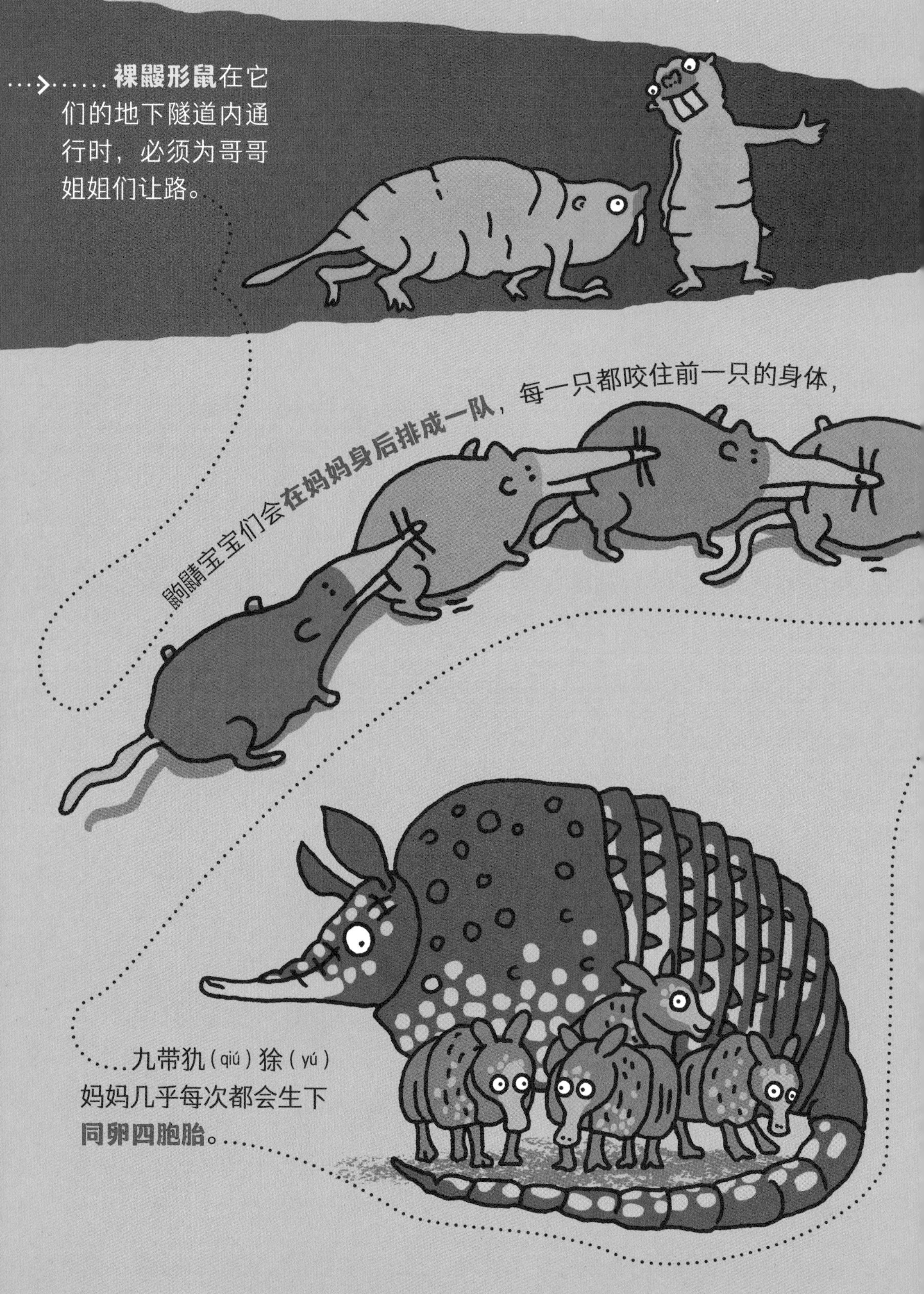
……**裸鼹形鼠**在它们的地下隧道内通行时，必须为哥哥姐姐们让路。
鼩鼱宝宝们会**在妈妈身后排成一队**，每一只都咬住前一只的身体，
……九带犰（qiú）狳（yú）妈妈几乎每次都会生下**同卵四胞胎**。

以避免出现掉队迷路的情况。

沙虎鲨在母亲子宫里时会**吃掉自己的兄弟姐妹**，直到剩下最后的“胜利者”。

当猎豹幼崽长大到可以独自外出时，其中的雄性猎豹通常会结成一个被称为“**联盟**”的小团体一起生活。

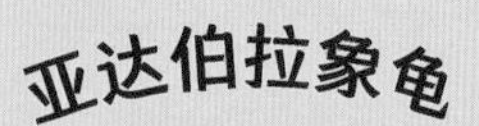

乔纳森

（Jonathan）

是世界上现存的最长寿的
陆生动物，
它在第一辆汽车被发明出来
之前就已经出生了！

索引

（按拼音排序）

B

C

D

J

M

本项目由号角文化林柄洋策划，
田雨薇、田惠芸执行。